우리 집은
즐거운
영어유치원

영어 동요 10곡, 생활 영단어 1001개로 완성하는

우리 집은
즐거운
영어유치원

유혜경 지음

엄마 아빠가 영어에 자신이 없다고?
문제는 발음, 사운드!

아이휴먼

영어를 잘하는 것보다 중요한 것

요즘 아이들은 태어나기도 전에 영어를 공부합니다. 태교로 클래식 대신 영어 동요나 영어 애니메이션을 듣지요. 태어나서도 마찬가지입니다. 유치원에 갈 시기가 되면 영어유치원에 가고, 일반 유치원에 가더라도 영어 수업을 듣습니다. 학교에 들어가기도 전에 학원이나 과외로 영어를 시작하기도 하지요. 초등학교에서는 정규 수업으로 영어를 배우고, 중고등학교 때는 필사적으로 수능 영어를 공부합니다. 대학교에 가서도 과제며 취업 준비 때문에 영어에 시달립니다. 토익, 토플, 오픽은 취직한 뒤에도 끝나지 않는 영어 과제입니다. 공무원 시험과 경찰 시험을 비롯해 모든 국가직 시험에 영어 과목이 포함된 것은 물론, 사기업도 1차 서류 심사에서 토익, 토플 점수를 확인하지요. 출산과 육아에서 왜 영어가 필요한지는 이 책을 읽는 독자 여러분이 더 잘 아실 겁니다. 한국인에게 영어는 태어난 순간부터 계속 공부해야 하는 숙제입니다. 독자 여러분도 아이에게 영어를 시키기 위해 이 책을 읽고 계십니다. 여러분의 아이는 벌써 영어에 노출된 것이지요.

물론 모두 우리 아이가 꽃길만 걷기를 바라는 부모의 마음이란 것을 압니다. 우리 아이가 남들보다 뒤처지지 않았으면, 나중에 대학에 가고 취직할 때 힘들어하지 않았으면 하시겠지요. '나처럼 평생을 영어에 시달리지 않고, 영어를 유리하게 활용할 수 있으면 좋겠다'는 바람도 있을 것입니다. 하지만 무엇이든 과하면 독이 됩니다. 앞서 말했듯 한국인의 영어는 수능까지만 하면 끝나는 것이 아니라, 30년 내내 이어갈 장기 프로젝트입니다. 아이가 어릴 때 영어를 어떻게 시작하느냐가 우리 아이의 평생 영어를 좌우합니다. 중요한 것은 방향과 방법입니다.

사실 영어에서 해방되려면 우선 영어를 잘해야 하고, 영어를 잘하려면 첫 단추가 가장 중요합니다. 우리 아이는 앞으로 30년은 영어를 해야 합니다. 너무 욕심을 부리다 초기에 거부감을 느끼지 않도록 재미있고 즐겁게, 그리고 정확하게 영어를 접해야 하지요. 영어가 싫어도 해야만 하는, 억지로 하는 숙제가 되어 아이들을 괴롭히게 해서는 안 됩니다.

그런데 영어를 정확하게 잘 배우는 것보다 더 중요한 것이 있습니다. 바로 아이에게 영어를 할 이유와 목적이 있어야 한다는 것입니다. 그런 생각 해본 적 없으신가요? 일상생활에서 쓰지도 않는 미분, 적분을 왜 배워야 하지? 대체 수학은 왜 배워야 하는 거야? 저는 그런 생각을 종종 했습니다. 그러다 언젠가 캐나다의 한 초등학교 선생님이 수학 수업 첫 시간에 "너희가 살면서 친구들과 약속을 잡을 때 시간을 보려면 숫자가 필요하고, 아이스크림과 장난감을 살 때도 가격을 계산하기 위해 수학이 필요하다"라고 말하는 걸 듣고 그제야 수학 공부의 이유와 목적을 이해했습니다. 수학을 잘하기 위해 수학 공부를 하는 게 아닙니다. 삶의 질을 높이기 위한 수단으로 수학이 사용되는 것이지요. 미적분도 그렇습니다. 과거의 자료로 미래를 예측하는 방법이 바로 미적분입니다. 인류에게 얼마나 중요한 학문인가요? 만약 초등학교 때 수학 선생님이 이런 설명과 함께 수학을 가르쳤다면 저는 '수포자'가 되지 않았을 것이라 확신합니다. 영어도 마찬가지입니다. 영어를 잘하는 것 자체가 목적이 되어서는 안 됩니다. 더 나은 삶을 위한 수단으로 영어가 쓰여야 합니다. 목적이 먼저 있고, 이를 위해 영어를 열심히 하고 잘해야 하는 것입니다. 우리 아이들에게도 영어를 공부하는 목적이, 필요한 이유가 있어야 합니다. '좋은 대학에 가기 위해, 좋은 직장에 취직하기 위해, 공무원이 되기 위해'처럼 세속적이고 추상적인 말은 아이에게 적당한 이유가 되어주지 못합니다. 사실 취직하기 위해 영어가 필수더라도, 실제 업무에서는 영어가 전혀 필요 없는 경우도 많지요.

저도 종종 이런 질문을 받습니다. 대체 왜 영어를 공부해야 하느냐고요. 제 대답은 늘 하나뿐입니다. For better life. 영어로 인해 여러분의 인생이 더 멋지게 변할 수 있기 때문입니다. 저는 영어 덕에 1980년대에 해외여행을 시작했습니다. 영어로 인해 넓은 세상을 보고 다양한 문화를 경험하며 많은 친구까지 만났지요. 지난 40년 동안 영어를 통해 경험한 모든 것이 제 인생을 더 멋지고 풍요롭게 만들어주었고, 저는 삶의 지혜도 얻었습니다. 영어로 더 나은 삶을 살아본 경험자로서, 우리 아이들이 멋진 인생을 살아가는 데 영어가 필요하다고 생각합니다. 앞서 말했듯 인생을 더욱 잘 살기 위해 영어라는 수단이 필요한 것이지요.

그러나 나은 삶을 위해 영어를 하는데, 그 영어 때문에 부담감에 시달리고 힘들어져서는 안 됩니다. 아이가 영어를 거부하고 싫어하는데 "너를 위해서야"라며 억지로 영어를 주입할 필요는 없습니다. 아이가 싫어한다면 하지 않아도 괜찮습니다. 하지만 부모님의 마음은 그렇게 쉽게 접어지지 않을 것입니다. 그래서 저는 아이들이 어려서부터 영어를 싫어하거나 거부하지 않도록, 영어에 흥미와 재미를 느끼며 영어를 잘하기까지 할 수 있는 방법을 소개하려고 합니다. 한글을 모르는 아이도 재미있게 즐길 수 있는 영어 동요부터, 아이가 좋아하는 디즈니 애니메이션으로 영어 동화 읽는 법도 있습니다. 영어를 공부해야 하는 30년 동안 부모님이 어떻게 아이의 영어를 도와줄 수 있는지도 알려드리고자 합니다. 중요한 것은 전문적인 선생님보다 아이와 깊게 교감할 수 있는 부모님의 역할이 훨씬 더 크고, 아이에게도 더 효과적이라는 점입니다.

아이에게 공부가 아닌 놀이로 시작하는 즐거운 영어유치원을 만들어주세요. 아이에게 '엄마', '아빠'를 말하는 법과 밥 먹는 법을 가르친 부모님이라면 할 수 있습니다. 영어도 모국어처럼 배우면 되니까요. 겁먹지 마세요. 어떻게 해야 할지, 어떤 교재를 쓰면 좋을지, 언제 시작하는 게 적당한지 전부 알려드리겠습니다. 영어를 못해도 왜 괜찮은지, 영어 발음이 좋지 않아도 우리 아이에게는 어떻게 정확한 발음을 알려줄 수 있는지도 모두 말해드리겠습니다.

아이와 부모님 모두에게 영어가 '즐거움'이 될 수 있는 '우리 집 영어유치원 만들기' 프로젝트, 지금 시작해봅시다.

2022년 늦가을

유혜경

이 책의 구성

이 책은 두 파트로 구성되어 있습니다. PART 1에서는 우리 아이의 영어를 어떻게 시작해야 하는지, 부모님이 무엇을 준비해야 하는지, 왜 이 책이어야만 하는지를 설명했습니다. 제 오랜 경험과 연구를 바탕으로 아이와 부모님의 영어 상태를 진단하고, 그 결과에 맞는 해결책을 제시했습니다. 유치원 시기는 물론 초등학교, 중학교, 고등학교 때 어떤 영어를 어떻게 준비해야 하는지도 30년 장기 로드맵을 통해 제시했습니다.

PART 2는 부모님이 우리 아이를 위한 훌륭한 선생님이 될 수 있도록 영어를 연습하는 워크북입니다. 쉽게 따라 할 수 있도록 간결한 설명과 짧은 활동으로 구성했고, QR코드로 가이드 영상을 준비했습니다.

Chapter 2 동요 파닉스

립사운드(Lip sound), 핑거사운드(Finger sound), 서클사운드(Circle sound)로 익히는 영어 동요 10곡!

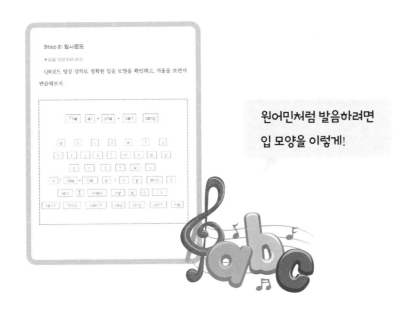

원어민처럼 발음하려면
입 모양을 이렇게!

아이와 함께
손가락으로 숫자를 세듯,
말소리를 세며 발음하기!

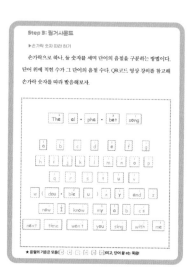

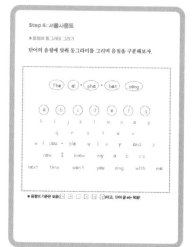

직접 펜을 들고
동그라미를 치며 발음하기!

Chapter 3 영어유치원 100단어

일상적인 10개 주제로 익히는 영어유치원 필수 100단어!

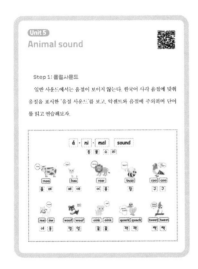

가족, 색깔, 동물 등 기본 단어,
그리고 아이들이 좋아하는
아기 동물과 동물 소리까지!

QR코드로 가이드 영상에 접속!

립사운드, 핑거사운드, 서클사운드를
정확히 익히는 가이드 영상!

목차

PART 1
우리 아이 영어 Q&A 30

Chapter 1 부모님이 궁금한 우리 아이 영어 Q&A

💡 한국인의 영원한 숙제, 영어

💡 영어유치원 vs. 일반 유치원

💡 우리 집은 즐거운 영어유치원

PART 2
원어민 발음 만들기 워크북

Chapter 3 영어유치원 100단어

PART 1

우리 아이
영어 Q&A
30

Chapter 1

부모님이 궁금한
우리 아이 영어 Q&A

공개 강연, 1:1 강습과 라이브 수업에서 여러 부모님을 만나며 가장 많이 들었던 10가지 질문을 선정했다. 영어를 언제 시작해야 할지, 꼭 영어유치원에 보내야 할지, 일반 유치원에 가도 영어를 잘할 수 있을지, 영알못 엄마 아빠 밑에서 자란 아이도 영어를 잘할 수 있을지…… 부모님이 가장 궁금해하는 부분을 콕 집어 답해본다.

한국인의 영원한 숙제, 영어

1. 우리 아이 영어는 언제 시작하지?

많은 부모님이 아이가 어릴수록, 일찍 시작할수록 영어를 익히기 좋다고 생각한다. 게다가 아이가 어릴수록 영어를 거부하지 않으니 그 선택이 옳다고 판단하기 쉽다. 하지만 아이가 거부하지 않는 건 어려서, 선택권이 없어서일 뿐이다. 더불어 모국어가 충분히 발달하기도 전에 외국어인 영어 교육에 노출되는 경우, 모국어 발달이 뒤처질 수 있다. 늦을수록 좋다는 게 아니라 최대한 빨리 시작해야 한다는 압박에 시달릴 필요가 없다는 말이다. 이 책에서 제시하는 나이 역시 평균치로, 반드시 나이에 맞춰 영어를 시작하지 않아도 된다. 중요한 것은 나이가 아니라 순서다. 영어를 시작하는 기준 역시 나이보다는 아이의 영어 흥미도와 엄마 아빠의 영어 접근성이다. 영어를 해본 적 없는 아이라면 첫 단계부터 시작하고, 영어를 이미 했었지만 영어를 거부하는 아이라면 휴식기를 보내며 거부감부터 해결해주고 다시 시작해야 한다.

먼저 아이에게 영어 소리를 들려주며 영어의 존재감을 심어주자. 아이가 영어를 인식하고 거부하지 않는다면 소리를 듣고 따라 하게 한다. 그런 다음에 소리를 글자에 연결해야 한다. 알파벳을 익히는 게 아니라 단어의 모양에 소리를 대입하는 것이다. 알파벳은 아이가 모국어 글자인 한글을 배운 뒤에 공부하는 게 가장 적절하다. 물론 아이가 알파벳 글자에 관심을 보이고 배우려는 의지까지 보인다면, 기준과 상관없이 언제든지 시작해도 된다.

1단계: 우리 아이 1~3살, 영어 소리 듣기 시작
-영어 동요 듣기, 영어 동화 읽어주기

영어의 처음은 소리로 시작해야 한다. 무작정 영어 지식부터 주입하려고 들면 거부감이 생길 수 있다. 아이가 영어를 즐겁게 느끼는 게 가장 중요하다. 아직 글을 모르는 아이들이 가장 즐겁게 할 수 있는 것이 바로 노래, 즉 동요다. 다만 아이의 취향을 반영하지 않은 전집은 피하고, 아이가 좋아하는 한두 곡을 반복하는 게 장기 기억에 훨씬 더 도움이 된다. 또한 영어 동화를 읽어주면 간단한 영어 말밥과 영어 이름에 익숙해질 수 있다. 이때 영어로만 읽어주기보다는 한국어 번역까지 해주는 게 가장 좋다. 원어로만 읽는 게 이중언어 환경을 만드는 것이라고 생각할 수 있으나, 그건 동화책 읽기 외에도 아이의 모든 생활 환경이 이중언어 환경에 노출됐을 때 효과를 볼 수 있는 방법이다. 아이와 영어권 국가에서 생활하는 게 아니라면 쉬운 영어 동화책을 읽어줄 때도 한국어 번역은 필수다.

2단계: 우리 아이 3~5살, 영어 단어 소리 따라 하기
-영어 플래시 카드, 영어 동요 따라 하기

아직도 알파벳을 익히기에는 이른 시기다. 소리를 따라 하고, 그림을 보고 영어 단어를 말하는 정도로 충분하다. 1단계에서 반복해 듣던 영어 동요를 따라 부르고, 플래시 카드의 그림으로 영어 단어를 익힌다. 동요를 따라 부를 때는 꼭 엄마 아빠가 함께해야 한다. 아이가 더 즐겁도록 율동을 곁들이는 것도 좋다. 플래시 카드는 아이의 눈을 사로잡을 수 있도록 색감과 그림이 선명하고 밝은 것으로 고르자. 영어 동요는 영상 없이 소리로만 들려줄 수 있는 CD가 좋다. 멜로디가 너무 빠른 것

은 추천하지 않는데, 아이의 흥미는 끌 수 있
을지 몰라도 듣고 따라 하며 익숙해지기는 어
렵다. 또, 동화와 마찬가지로 전집보다는 아이
가 좋아하는 동요 한두 곡을 반복하는 게 더
좋다. 전집을 이미 구매했다면, 모든 곡을 완
주하겠다는 생각보다는 아이가 좋아하는 곡

우리 아이 영어 2단계 추천 동요
Super Simple Songs - Kids Song
(유튜브): 몸을 움직이는 율동이 있다.
weesing(CD): 가사집이 있어 따라
부르기 좋다. 무엇보다 음과 박자에
맞춰 부르기 쉽도록 단어를 음절 단
위로 나눠 가사를 표기해서 정확한
발음을 구사할 수 있다.

만 반복한다는 생각으로 활용하자. 여러 번 반복하면 나중에는 음악과
가사가 없어도 외워서 부를 수 있을 정도가 된다.

3단계: 우리 아이 5~7살, 영어 글자 소리 따라 하기
-알파벳 글자, 플래시 카드 단어 글자

아이가 1단계에서 소리로 영어의 존재를 인지하고, 2단계에서 소리
를 말하며 그림과 소리를 연결했으니 이제 글자와 소리를 연결할 차례
다. 알파벳을 익히는 것과는 다르다. <u>단어를 그림처럼 통으로 보고 소
리와 연결하는 과정이다.</u> 3단계에서는 앞면에 그림, 뒷면에 영어 단어
가 있는 플래시 카드가 필요하다. 아이와 함께 직접 카드를 만들어도
좋지만, 시중에 판매되는 카드를 활용해도 문제없다.

영어 동요를 따라 부를 때도, 글자에 연결해 단어를 말할 때도 원어

민처럼 발음하며 익히는 게 중요한데, 아이는 엄마 아빠의 소리를 듣고 따라 한다. 그러니 아이들의 선생님이 될 엄마 아빠가 영어 단어를 보고 원어민처럼 발음할 줄 알아야 한다.

부담감을 느낄 필요는 없다. 영어에 자신 없고 영어를 못하는 엄마 아빠도 할 수 있다. 동그라미를 그릴 수 있고, '엄마'를 '엄•마'로 끊어 말할 수만 있다면 얼마든지 원어민과 똑같은 방법으로 영어를 발음할 수 있다.

우리 아이 영어 3단계 추천 카드
-스콜라스틱 플래시 카드
-DK My First Word Book
-DK My First Dictionary

2. 우리 아이 영어는 어떤 교재로 시작하지?

모든 외국어 수준은 모국어 수준에 따라 결정된다. 모국어를 잘해야 외국어도 잘할 수 있고, 모국어를 잘해야 잘 자랄 수 있다. 유아기에는 신체뿐 아니라 인지력, 사고력, 창의력과 같은 뇌 기능과 정서적 기능까지 자라야 하는 시기다. 그리고 이때, 글을 모르는 아이들은 오직 소리로만 세상을 배우고 말로만 소통한다. 그만큼 말이, 모국어가 아이의 성장과 발달에 중요한 역할을 하는 것이다.

그러니 한국어를 배우기 전까지는 영어를 공부로 접근해서는 안 된다. 아이가 영어를 많이 알고 잘하는 것보다 영어에 흥미를 가지는 게 우선이다. 교재를 선택하는 기준도 아이가 좋아하는가, 쉽게 따라 할 수 있는가이다. 특히 1~5살은 EQ 중에서도 소리와 색감으로 창의력이 발달하는 시기다. 어릴 때 EQ가 잘 발달하고 정서적 안정을 이룬 아이들은 의지력과 인내력은 물론 지식을 저장하는 능력도 잘 갖출 수 있어 그만큼 공부를 잘하는 데 유리하다.

넓게 보자면 10살까지는 아이의 EQ 발달의 전성기이자, 정서적 안정을 필수적으로 갖춰야 하는 시기인 셈이다. 10살까지 지식을 담을 그릇을 만들고, 10살부터 그 그릇에 지식을 쌓는 것이다. 나무도 땅이 튼튼하고 양분이 많아야 잘 자랄 수 있듯, 영어를 공부하는 데도 기반이 중요하다. 공부를 IQ로 해낸다면 그 기반이 되는 그릇이자 땅은 EQ인 셈이다. 세 살 버릇이 여든까지 간다는 말처럼, 아이의 첫 10년이 어땠는가에 따라 아이의 100년 인생이 결정된다.

30년 장기 프로젝트인 영어에 성공하기 위해서도 첫 10년이 핵심이다. 동요의 다양한 소리와 동화책의 다채로운 색감을 활용해 영어에 대한 흥미를 자극하고 거부감을 주지 않는 것이 중요하다. 그러니 첫 영어 교재는 흥미를 자극할 영어 동요, 간단한 영어 말밥과 영어 이름을 보여줄 영어 동화책, 그리고 플래시 카드면 충분하다. 여기에 영상을 더한다면 금상첨화다. 특히 하나의 스토리텔링으로 영상과 책을 매끄럽게 연결할 수 있는 디즈니를 추천한다.

아이와 함께 디즈니 애니메이션을 보면 아이는 재미있고 신나는 시간을 보내며 영어 이름과 문화에 익숙해진다. 그다음에는 아이가 이미 아는 등장인물과 내용을 동화책으로 연결해 즐길 수 있다. 애니메이션이든 동화책이든 영어로만 볼 필요는 없다. 아이가 영어 더빙을 좋아하지 않는다면 한국어 더빙으로 봐도 문제없다. 그 속에 담긴 영어 이름과 문화는 한국어로도 전달된다. 동화책을 읽어줄 때도 영어로만 읽기보다는 아이가 내용을 제대로 이해할 수 있도록 한국어 번역까지 해주는 게 좋다. 아이에게 영어는 모국어가 아닌 외국어이기 때문이다. 같은 이유로 애니메이션이나 동요를 틀어놓고 방치하지 말고, 엄마 아빠가 함께해야 한다. 아이와 함께 영어 동요를 듣고 함께 따라 하고, 영어 동화는 엄마 아빠가 직접 읽어주는 것이다. 1시간의 흘려듣기보다 엄마 아빠와 함께 들으며 내용을 이해하고 함께 따라 하는 10분이 훨씬 더 효과적이다.

영어유치원 vs. 일반 유치원

3. 영어유치원과 일반 유치원 중 어디에 보낼까?

영어유치원에는 전문가와 원어민, 그리고 영어 문화가 있다. 정확한 발음과 현지 문화에 익숙해질 수 있는 게 가장 큰 장점이다. 그러나 이런 효과를 누리려면 아이가 영어를 좋아하고, 엄마 아빠 중 한 사람이라도 능숙한 영어 스피킹이 가능해야 한다. 아이가 유치원에서 영어를 배우는 것으로 그치지 않고, 집에서 엄마 아빠와 배운 것을 반복해 연습하고 피드백을 받으며 어려움을 해결할 수 있을 정도의 영어 환경이 필요하다. 더불어 아이를 영어유치원에 보내는 엄마 아빠의 목적이 분명한 것도 중요하다.

아이가 영어를 '잘'하면 좋겠다는 막연한 바람은 분명한 목적이 될 수 없다. 그런 추상적인 기대를 품고 아이가 며칠 만에 영어로 술술 말하는 즉각적인 아웃풋까지 바라고 있다면 생각을 바꾸자. 영어유치원에 다녀온 아이가 당장은 영어 문장을 매끄럽게 말하지 못하고 영어 단어를 외우지 못해도 아이를 닦달하지 않고 장기적 관점으로 바라볼 수 있어야 한다. '영어 환경과 문화를 체험하면 좋겠다', '원어민의 영어 발음에 익숙해지면 좋겠다', '영어에 대한 거부감을 없애고 다양한 놀이와 활동으로 영어에 흥미를 느끼게 하고 싶다'처럼 가벼운 마음을 먹는 것이 좋다. 눈에 보이는 아웃풋에 집착하느라 아이에게 너무 많은 기대를 걸고 압박감을 주어서는 안 된다.

물론 엄마 아빠의 마음가짐보다 더 중요한 것은 아이의 흥미와 성격이다. 영어유치원 체험 수업을 받고 즐거워한 아이라면 영어유치원에서 영어를 배우고 활용하는 데 적극적일 것이다. 이에 더해 실수나 꾸중에도 큰 타격을 받거나 위축되지 않는 성격이라면 영어유치원에 잘 적응할 수 있다. 다만 앞서 말했듯 집에서의 반복과 피드백도 있어야 한다. 엄마 아빠가 영어 스피킹이 안 되면 아이가 영어유치원에서 배운 내용을 집에서 활용할 수 없어 실패하는 경우가 많다.

아이가 영어에 관심이 없고, 낯을 가리거나 새로운 환경에 적응하기 힘든 성격이라면 더더욱 일반 유치원이 낫다. 영어를 좋아하지도 않는

데 주변 친구들과 비교당하며 위축된다면 영어를 더욱더 싫어하게 되고 영어 배우기를 중단해버릴 수도 있다.

영어유치원을 절대 보내지 말라는 것이 아니라, 영어유치원을 고집하지 않을 이유도 있다는 말이다. 영어유치원에 보내는 목적이 불분명하거나 집에서의 피드백이 불가능하고, 아이가 영어를 싫어한다면 영어유치원에 보내도 큰 효과를 얻을 수 없다. 그럴 땐 영어유치원으로 기대하는 효과를 집에서도 얼마든지 누릴 수 있으니 고민하지 않아도 된다는 것을 알려주고 싶다.

아이가 영어유치원에서 누릴 수 있는 것들은 우리 집에서도 누릴 수 있다. 엄마 아빠도 영어유치원의 전문가, 원어민 못지않은 훌륭한 선생님이다. 유아기 아이에게 필요한 것은 전문적 진단보다는 아이와 깊이 교감하고 아이 개인의 특성을 이해할 수 있는 엄마 아빠의 진단이다.

4. 엄마 아빠표보다 전문적인 영어유치원이 더 좋지 않을까?

영어를 두 분야로 구분한다면 어휘와 문법 같은 지식의 영역과 흥미를 자극하는 영역을 들 수 있다. 흥미는 영어 지식을 자발적으로, 주도적으로 열심히 공부하게 하는 원동력이다. 지식의 영역이 중요한 시기는 십 대와 이십 대로, 중요한 것을 넘어 영어 공부가 필수인 시기다. 반대로 유아기에는 지식을 쌓는 것보다는 흥미를 자극하는 게 중요하다. 이때 배운 지식은 장기 기억으로 전환되기도 어렵다. 특히 모국어와 EQ 발달이 우선되어야 하는 5~7살 시기에 외국어 지식을 주입하는 것은 아이에게 혼란을 주고, 뇌 기능과 정서 발달에 방해가 될 수 있다.

그런데 엄마 아빠는 전문적인 영어유치원에서 아이의 영어 흥미를 자극하고 지식까지 쌓기를 기대한다. 실제로 영어유치원에서 아이는 영어 어휘를 익히고 문장을 말하는 등 즉각적 아웃풋을 보일 수 있다. 다만 앞서 말했듯 유치원 시기에 배운 지식은 단기적이다. 이를 장기 기억으로 전환하려면 집에서의 반복과 피드백이 뒤따라야 한다. 그래서 엄마 아빠가 유창하게 영어를 구사하며 집에서 피드백해줄 수 있는 환경이 아니라면 영어유치원의 효과를 제대로 누리기 어렵다. 그래도 아이가 영어유치원을 좋아한다면 보낼 수 있겠지만, 영어유치원에서 아이가 유창한 영어를 익히기를 기대한다면 마음을 바꿔야 한다. 피드백이 어려운 상황에서 영어유치원으로 거둘 수 있는 효과는 아이의 흥미 자극뿐이다. 그런데 아이의 흥미를 자극하는 것은 엄마 아빠도 얼마든지 할 수 있는 일이다.

아이의 흥미를 자극하려면 전문가의 손길도 도움이 될 테지만, 결국 우리 아이가 무엇을 좋아하는지 가장 잘 아는 사람은 엄마 아빠다. 아이와 정서적으로 가장 가깝고 아이의 마음에 가장 큰 영향을 줄 수 있는 사람도 부모님이다. 엄마 아빠도 선생님이 될 수 있고, 우리 집을 즐거운 영어유치원으로 만들 수 있다. 핵심은 영어로 아이의 흥미를 자극하는 것이다. 하루에 6끼를 먹는다고 2배로 빠르게 자라지 않는다. 오히려 소아비만의 위험에 노출될 것이다. 영어도 마찬가지다. 아이가 스스로 공부할 나이가 되기도 전에 과하게 시키면 독이 될 수 있다. 밥을 먹일 때도 아이가 좋아하는 것과 싫어하는 것을 섞어서 먹이듯, 영어도 좋아하는 것과 싫어해도 필요한 것을 적절히 섞어야 한다. 그리고 우리 아이가 무엇을 좋아하고 싫어하는지, 무엇이 필요한지 가장 잘 아는 사람은 엄마 아빠다.

5. 영어유치원에 가지 않아도 원어민처럼 영어를 할 수 있을까?

물론이다. 영어유치원은 만능이 아니며, 영어유치원만이 길인 것도 아니다. 영어유치원에 보내는 두 번째 목적은 발음이다. 스스로 영어 발음에 자신이 없는 엄마 아빠가 우리 아이만은 원어민의 정확한 발음을 배우기를 바라며 영어유치원에 보내는 경우가 많은데, 사실 엄마 아빠도 아이에게 정확한 발음을 가르쳐줄 수 있다. 물론 이미 발음 근육이 굳은 성인은 지금부터 배워 완벽한 발음을 구사하기는 어렵지만 정확한 방법으로 발음할 수는 있다. 그리고 아이에게 정확한 방법을 알려줄 수도 있다. 발음 근육이 굳기 전부터 정확한 방법으로 발음을 배우고 말하기 시작하면, 아이들은 성인이 돼서도 원어민처럼 정확한 발음을 구사한다. 방법만 알면 엄마 아빠가 전문가를 대신할 수도 있고, 아이에게 원어민 발음을 가르칠 수도 있다.

영어유치원에서는 영어로 생활한다. 이는 큰 장점처럼 보이지만 오히려 단점이 될 수 있다. 한국인이 한국어와 영어로 이중언어를 구사하려면 생각까지 영어로 해야 한다고 믿는 경우가 많다. 하지만 아이의 삶이 영어 50%, 한국어 50%로 이루어져 있는 게 아니라면 이는 불가능한 일이다. 최근 한국 영어교육의 트렌드는 번역과 해석을 비롯한 한국어의 개입 없이 영어로만 생각하고 영어로만 개념을 이해하는 것이다. 그런데 이 방법은 물론 많은 한국의 교육학이 미국에서 들어온 것으로, 그 효과성은 미국 환경에서 조사되고 입증된 것이다. 그리고 알다시피 아이 뒤에 영어를 잘하는 사람이 많은 미국과 한국은 환경이 다르다. 미국에서는 영어를 배워야 사회에서 살아남을 수 있지만 한국은 그럴 필요가 없다. 집에 아이의 영어를 도와줄 수 있는, 영어에 능숙한 사람이 있다면 영어유치원이 효과적이겠지만, 집에 그런 영어 구사자가 없다면 무리하게 영어유치원에 보내는 것은 무의미하다. 미국에서 외국어로 영어를 배우는 것과 한국에서 외국어로 영어를 배우는 것은 완전히 다른 이야기다. 영어는 옷이 아니다. 트렌드를 따르지 말고 원리

(principle)를 따라야 한다.

꼭 원어민의 발음을 들으며 영어를 익힐 필요도 없고, 일찍부터 영어 지식을 쌓지 않아도 된다. 영어유치원에 보내지 않아도 얼마든지 영어를 잘할 수 있다. 전문적인 영어유치원에는 없고, 엄마 아빠가 만드는 우리 집 영어유치원만이 가진 장점도 있다. 바로 아이의 정서적 안정과 모국어 발달이다. 엄마 아빠와의 교감과 안정적인 교류, 그리고 많은 대화가 그 기반이다. 정서적으로 안정된 아이는 새로운 것을 배우는 데에 거부감이 적고 능동적이며, 모국어로 많은 것을 읽고 경험하며 느낀 아이가 외국어 표현력도 좋다. 즉 모국어가 완전히 형성된 다음에 외국어를 발달시키는 게 좋고, 모국어로 먼저 생각한 뒤 이를 영어로 전환하는 방법이 더 효과적이다. 아이가 밖에서는 영어만, 집에서는 한국어만 써야 하는 외국 생활을 하고 있거나, 엄마 아빠 중 한쪽이 영어만 구사할 줄 아는 경우가 아니라면 더더욱 그렇다.

한국어로 글을 잘 쓰는 아이가 영어 에세이도 잘 쓰고, 한국말을 잘하는 아이가 영어로도 잘 말한다. 영어유치원에서 배우는 것은 단어 1,000개 정도와 일상생활에서 사용하는 생활 영어다. 한국어를 잘하고 책을 많이 읽는 아이들이 의지를 가지고 스스로 공부하면 6개월 안에 충분히 터득할 수 있는 수준이다. 아이가 영어에 흥미를 느끼고 영어를 좋아하고, 영어의 필요성을 느낀다면 영어유치원에 다니지 않아도 영어를 충분히 잘할 수 있다.

6. 우리 집 영어유치원에서도 영어 문화를 경험할 수 있을까?

당연히 우리 집 영어유치원에서도 영어 문화를 경험할 수 있다. 우리에게는 동화책과 애니메이션이 있다. 아이는 영어 동화책과 애니메이션으로 영어 이름에 익숙해지고, 추수감사절이나 핼러윈 같은 명절도 접할 수 있다. 특히 디즈니 애니메이션에는 다양한 영어 문화권 국가의 다채로운 문화가 녹아 있다. 유쾌한 분위기와 입체적인 캐릭터들을 통해 실제 영어로 대화할 때 어떤 구어적 표현을 써야 할지, 영어로 어떻게 농담을 주고받을 수 있는지도 배울 수 있다.

> 우리 집 영어유치원 영어 문화 체험 애니메이션 추천
> -**디즈니 애니메이션**: 다양한 영어 문화권 국가의 다채로운 문화를 재미, 감동과 함께 녹여낸다. 발음, 흥미, 문화와 넓은 세상까지 접할 수 있다.

아이의 정서 발달을 돕는 것에 더해, <u>엄마 아빠의 또 다른 중요한 역할은 영어를 왜 해야 하는지 명확히 알려주는 것</u>이다. 가령 아이가 좋아하는 것과 영어를 연결해서 설명해주는 것이다. 디즈니 애니메이션을 좋아하는 아이에게는 "디즈니랜드에 가서 네가 좋아하는 엘사, 안나, 심바, 알라딘을 직접 만날 수 있지만 영어로 대화해야 하니 영어 공부를 하는 게 좋을 것 같다"라고 말해줄 수 있을 것이다. 그리고 게임을

좋아하는 아이라면 "네가 좋아하는 게임의 최신 버전을 즐기고 최신 정보를 얻기 위해서는 영어를 쓸 수 있어야 하니 영어 공부가 필요하다"라는 말이 와닿을 것이다. 영어유치원에 보낼 비용으로 가족끼리 해외여행을 하면서 영어의 필요성과 중요성을 경험시키는 것도 좋은 방법이다. 부모님이 강요하지 않아도 아이들 스스로 영어의 필요성을 느끼고 영어 공부를 할 동기를 갖게 될 것이다.

누가 나에게 왜 영어를 공부해야 하느냐고 물으면 늘 이렇게 답한다. 답은 하나다. For better life. English will make your life better. 한국어만 할 수 있을 때 경험하는 세상과 영어를 할 수 있을 때 경험하는 세상은 전혀 다르다. 후자가 더 넓고 다채롭고 자유롭다. 영어는 우리의 삶을 훨씬 풍요롭게 만들어준다. 다만 아이들은 더 넓은 세상이 어떤 것인지, 다채롭고 자유로운 세상이 왜 더 좋은지 쉽게 이해하지 못한다. 그래서 엄마 아빠의 역할이 중요하다. 아이들의 눈높이에 맞춰, 아이들의 특성에 맞춰 아이들이 영어의 필요성을 느낄 수 있게 해줘야 한다. 영어 공부를 해본 적 없는 초등학교 2학년 아이가 영화 〈보헤미안 랩소디〉를 보고 그룹 '퀸'에 빠져 퀸의 모든 노래를 외운 경우가 있다. 자기가 좋아하는 그룹의 음악을 더 이해하고 즐기겠다는 목적을 가지고 스스로 영어 가사를 외운 것이다. 한 자매는 디즈니 애니메이션에 빠져 초등학교 때 영어로 노래와 대사를 따라 하며 뮤지컬 놀이를 하곤 했는

데, 〈알라딘〉과 〈미녀와 야수〉의 노래와 대사를 원어민 발음으로 술술 읊을 정도였다. 원어민 수준의 스피킹 실력을 얻은 것은 당연했고, 자매 중 언니는 현재 영어 강사가 되었다. 이처럼 영어의 필요성을 느끼고 영어를 익힐 목적이 있을 때, 아이들은 누구보다 자발적이고 능동적으로 영어를 공부한다. 물론 그 방법이 꼭 책과 단어일 필요는 없다. 퀸의 노래일 수도 있고, 디즈니 애니메이션일 수도 있다. 아이들의 흥미와 특성에 맞는 방법을 찾으면 된다.

명확한 목적도 없이 단기적인 아웃풋에 집착하고, 아이의 특성과 흥미를 무시하면서까지 영어유치원에 투자할 필요는 없다. 세상은 변했고, 공부만 잘하는 것으로는 무언가를 이루기 어렵다. 공부만 잘한다고 성공한 인생일까? 영어 성적이 좋지만 영어만 잘하고 영어를 싫어하는 아이, 그리고 영어 성적도 낮고 아는 단어는 없더라도 몇 개 안 되는 단어로 친구를 사귀고 놀러 다니는 아이. 더 넓은 세상을 경험하는 삶은 후자다. 엄마 아빠의 영어 걱정과 조급함을 버리면, 아이를 반드시 영어유치원에 보내야만 하는 이유는 없다.

7. 영알못 엄마 아빠도 즐거운 영어유치원을 만들 수 있을까?

엄마 아빠는 이미 우리 집 한국어 유치원을 운영하고 있다. 아이에게 한국어 말소리와 한글, 수학과 음악까지 엄마 아빠표로 아이에게 가르친다. 아이에게 '엄마', '아빠'를 말하는 법을 알려주고, 함께 한국어 동요를 부르며 한국어 유치원을 만들어온 것이다. 지금까지 해온 한국어 유치원을 영어로 바꿔주기만 한다면 우리 집을 즐거운 영어유치원으로 만들 수 있다. 학창시절 원리도 모르고 외우기만 하며 배웠던 영어처럼 어려운 것이 아니니 할 수 있을까 걱정할 필요 없다. 아이에게 한국어로 세상과 소통하는 방법도 알려주고, 노래와 율동까지 가르쳐준 엄마 아빠라면, 아이가 가장 좋아하고 즐거운 우리 집 영어유치원도 만들 수 있다.

영어학원에 다니며 전문적으로 영어 지식을 배운 아이보다 엄마 아빠가 영어 동화책을 읽어준 아이가 한국어도 영어도 더 잘한다. 그만큼 가족, 특히 엄마 아빠와 아이 사이의 정서적 교류는 아이의 성장과 발달에 큰 영향을 미친다. 엄마 아빠와 아이의 교류가 가장 큰 영향을 미치는 이유는 소통과 이해다. 어휘력이 부족한 아이들이 무슨 말을 하고 싶은지, 어떤 의미로 한 말인지는 엄마 아빠가 가장 잘 이해한다. 아이와의 소통이 가장 적절하고 능숙하게 이뤄지는 대화는 엄마 아빠와의 대화다. 서로의 말을 제대로 알아듣고, 상황과 분위기를 이해하며 소통하는 것은 아이의 정서와 뇌 기능 발달을 위한 중요한 단계다. 그래서 이 시기에 낯선 외국어인 영어만 사용하는 상황에 처해 다른 사람과 소통하는 데 어려움을 겪게 되면 아이의 발달에 악영향을 줄 수 있다.

엄마 아빠가 만드는 우리 집 영어유치원은 전문가의 영어유치원만큼, 혹은 더 좋은 환경을 제공할 수 있다. 영어를 잘 모르고 발음에 자신이 없다고 움츠러들 필요 없다. 준비물은 영어 동요 10곡, 기본 단어 100개면 충분하다. 영어 발음은 립사운드(Lip sound)와 핑거사운드(Finger sound)로 해결할 수 있다.

혀와 성대 근육의 사용법과 입 모양은 립사운드로, 원어민 발음의 핵심은 핑거사운드와 서클사운드(Circle sound)로 익힐 수 있다. 서클사운드는 한국어 발음법에 맞춰 영어 발음을 시각화해 표현한 표기법이고, 핑거사운드는 이를 아이들이 익히기 쉽도록 손가락을 움직이는 방식이다. 원어민의 발음은 우리가 아는 것보다 소리의 수가 훨씬 적다. 우리는 'English'를 '잉 • 글 • 리 • 시', 4개의 소리로 발음한다. 하지만 실제로는 'Eng • lish'의 2개 소리로 발음하는 게 올바른 발음법이다. 한국인의 고질적 문제인 사운드의 핵심이 바로 이 소리의 수, 음절이다. 영어를 정확히 발음하고 듣기 위해서는 음절 구분이 중요한데, 이를 시각화한 것이 바로 서클사운드다.

이 정도로도 전문적인 영어유치원에서 얻을 수 있는 효과를 집에서도 얼마든지 누릴 수 있다. 전문성은 필요하지 않다. 엄마 아빠는 내 아이에게 가장 적합하고 훌륭한 선생님이다. 원어민처럼 정확한 발음을 구사할 필요도 없다. 정확한 방법으로만 말할 수 있으면 된다. 그리고 '즐거운' 영어유치원을 만들기 위해 영어를 즐길 수 있어야 한다. 엄마 아빠가 즐거워야 아이도 즐겁고, 엄마 아빠가 영어를 좋아해야 아이도 영어를 좋아한다. 아이는 엄마 아빠의 표정과 목소리에, 그리고 거기서 드러나는 엄마 아빠의 감정에 예민하게 반응하고 동화된다. 엄마 아빠 부터 영어를, 영어 하는 시간을 즐겨야 한다. 그렇게 아이와 함께 즐겁 게 영어 동요를 부르고 100단어를 연습하면 우리 집은 즐거운 영어유 치원이 된다.

우리 집은 즐거운 영어유치원

8. 우리 집 영어유치원은 언제 시작하지?

우리 집 영어유치원을 시작할 때 아이의 나이는 중요하지 않다. 살펴봐야 할 것은 엄마 아빠가 마음의 준비가 되었는가다. 그렇게 아이가 엄마 아빠가 불러주는 영어 동요와 율동을 따라 하고 영어 동화책 소리 듣기에 집중하면 우리 집 영어유치원이 시작된다. 중요한 것은 아이의 나이가 아닌 누구와 그리고 어떻게 영어를 시작하는가이다. 다시 말해 아이의 흥미도와 엄마 아빠의 접근성이 영어유치원 시작의 기준이라는 것이다. 물론 계속 반복했듯 가장 중요한 것은 무엇이든 영어로 하는 것이 아니라, 한국어로 하더라도 아이가 흥미를 느끼게 하고, 부모님의 목소리로 부모님이 함께해야 한다는 것이다. 10살 전까지는 영어를 시작하기에 너무 늦었다고 걱정할 필요가 없다. 아이에게 영어가 꼭 필요한 시기는 중고등학교 때로, 그전까지는 아이에게 심리적 부담을 주지 말아야 한다. 아이가 싫어한다면 억지로 영어를 시작하지 않아도 괜찮다.

중요한 것은 아이가 엄마 아빠와 함께 영어를 한 시간이 즐거웠다고 느끼는 것이다. 아이에게 영어로 부담을 주지 않고, 아이의 영어 아웃풋에 집착하지 않고, 아이와 함께 영어를 즐길 자신이 생겼다면 그때 우리 집 영어유치원을 시작하면 된다.

아이의 평생 영어에서 부모로서 맡은 역할과 책임에 너무 큰 부담을 느낄 필요는 없다. 몇 가지 원칙만 지킬 수 있으면 충분하다.

첫째, 절대 아이와 영어를 단둘이 방치하지 말 것.
둘째, 아이가 싫어한다면 즉시 영어를 멈출 것.
셋째, 아이는 엄마 아빠의 거울임을 기억할 것.

엄마 아빠는 다른 일을 하는데, 아이 혼자 영어 동요를 듣거나 영어 애니메이션을 보는 상황이 일어나서는 안 된다. 우리 집을 즐거운 영어유치원으로 만들기 위한 핵심은 엄마 아빠와 아이가 '함께' 영어를 하는 것이다. 아이 혼자 여러 번 듣고 보는 것보다 엄마 아빠와 함께 한두 번 하는 게 훨씬 효과적이다. 부모님이 아이에게 얼마나 큰 영향력을 가졌는지 더 설명하지 않겠다. 만약 엄마 아빠가 함께하는데도 아이가 영어를 거부하고 싫어한다면, 영어 하는 시간을 즐거워하지 않는다면 즉시 영어를 중단해야 한다. 영어는 외국어다. 어떤 외국어든 기본은 모국어로 사고하는 것이다. 영어를 비롯한 외국어는 생각과 사고를 표현하기 위한 수단으로, 외국어를 얼마나 수준 높게 구사하는가는 사고력에 달려 있다. 따라서 이 시기에 중요한 것은 EQ와 모국어 발달이며, 외국어인 영어는 필수 발달 요소가 아니다. 꼭 해야만 하는 것이 아니기 때문에 아이에게 거부감을 주면서까지 억지로 할 필요가 없다. 아이가 영어에 흥미를 느끼고 자발적으로 영어를 하는 게 중요한 만큼, 영어에 거부감을 느끼는 것은 아주 위험한 상황이다. 아이가 영어를 거부하지 않고 흥미를 느끼려면 엄마 아빠가 먼저 영어를 즐겨야 한다. 엄마 아빠가 자기에게는 없는 영어 흥미를 어떻게든 아이에게서 쥐어짜려 해서는 안 된다는 말이다. 부모님의 샘이 자연스럽게 흘러내려 가랑비에 옷 젖듯 아이가 영어에 스며들어야 한다. 아이는 엄마 아빠의 표정과 감정에 동화된다. 엄마 아빠가 영어를 같이 하긴 하는데, 함께하는 내내 인상을 찌푸리고 어두운 얼굴이라면 아이 역시 영어에 흥미를 갖지 못하고 영어를 싫어하게 된다.

엄마 아빠가 영어를 좋아하고, 아이와 함께 영어 동요를 듣고 따라 부르고, 영어 동화책을 자신 있게 읽어줄 준비가 되었다면 언제든 우리 집 영어유치원의 시작이다. 중요한 것은 아이의 나이가 아니라, 엄마 아빠의 영어 접근성이다. 준비는 아이가 아니라 엄마 아빠가 하는 것이다.

9. 우리 집 영어유치원은 어떤 교재로 시작하지?

우리 집 영어유치원의 교재는 영어 동요, 영어 동화책, 그리고 영어 플래시 카드와 영어 단어 책이면 충분하다. 그중 동요는 시각 자극 없이 청각 자극을 극대화할 수 있는 CD로 듣기 시작하는 것을 추천한다. 아이가 멜로디와 가사에 집중할 수 있도록 영상 노출은 최대한 늦게 시작하는 것이 좋다. 반대로 동화책과 플래시 카드, 단어 책은 시각만으로 익히는 것이기 때문에 아이의 시각을 사로잡을 수 있도록 색감이 선명하고 화려한 것으로 고르자. 특히 디즈니의 영어 동화책은 아이가 이미 아는 내용과 익숙한 캐릭터를 활용할 수 있으니 거부감은 낮추고 흥미는 높일 수 있는 아주 좋은 교재다.

세상에 스스로 하는 아이는 없으며 모든 아이는 엄마 아빠의 지도가 필요하다. 우리 집 영어유치원의 교재는 무엇이든 아이가 흥미를 느끼기만 하면 된다. 한두 가지를 선택해 반복하되, 녹음된 전문가의 음성보다는 조금 서툴더라도 엄마 아빠의 목소리로 함께하는 게 훨씬 좋다. 그중에서도 엄마 아빠와 아이가 함께 따라 할 수 있는 영어 동요가 우리 집 영어유치원의 첫 교재로 최적이다. 가사를 한 줄씩 한국어로 읽고 영어 가사를 읽거나, 전체적인 내용을 알려주며 함께 듣고 따라 부르면 된다. 아이가 가사 내용에 어울리는 그림을 그리게 하는 활동도 좋다. 핵심은 아이가 내용을 이해한 다음에 따라 하는 것이다. 동화책도 마찬가지로, 아이가 좋아하는 한두 권을 엄마 아빠의 음성으로 한국어와 함께 읽는 게 좋다.

가사든 동화든 아이가 내용부터 이해하는 게 중요하기에 한국어로 한 줄, 영어로 한 줄씩 이어가야 한다. 이때 한국어 버전과 영어 버전을 따로 읽는 것보다는 한 줄씩 직독 직해하는 방법을 추천한다. 한국어로 나온 '백설 공주'와 영어로 나온 'Snow White' 두 권을 각각 읽어주는 대신, 'Snow White' 한 권만 활용해 한 줄씩 직독 직해로 읽어주는 방법이다. 영어 동요도 마찬가지다. '반짝반짝 작은 별'과 'Twinkle twinkle little star'를 따로 부르지 말고, 'Twinkle twinkle little star' 한 곡만 활용하자. 이때 한국어를 먼저 읽어주는 게 좋은데, 동시통역의 원리와 비슷하다. 외국어인 영어를 쓸 때, 우리는 모국어로 먼저 생각하고 이를 영어로 전환해 표현한다. 이중언어 원리가 더 상위의 언어 원리라고 오해할 수 있으나, 이는 더 좋고 나쁘게 비교할 수 있는 분야가 아니다. 영어로도 한국어로도 사고할 수 있는 이중언어는 어릴 때부터 삶 자체가 영어 50%, 한국어 50%로 이뤄졌을 때 적합하다. 그런 환경이 아니라면 이중언어보다는 모국어가 선행되는 동시통역의 원리가 적합하기에 한국어로 먼저 생각하고 이를 전환하는 과정에 익숙해져야 한다.

10. 우리 집 영어유치원으로 원어민 발음을 익힐 수 있을까?

앞서 말한 핑거사운드와 서클사운드는 '한 글자 파닉스'의 일부다. 2005년 출원한 특허 내용으로, 20년이 넘는 발음 연구 경험이 담겨 있다. 핑거사운드와 서클사운드는 영어를 발음하기 위한 악보와 같다. 악보 보는 법을 익히면 처음 보는 곡도 악보를 보고 부르거나 연주할 수 있다. 동요 10곡과 단어 100개로 핑거사운드와 서클사운드를 익히면, 처음 보는 단어도 정확한 발음법을 한눈에 알 수 있게 된다. 성인의 영어 발음을 교정할 때도 이 방법은 유효한데, 이미 한국어 발음법에 적응해 발음 근육이 굳은 성인과 달리 아이들의 발음 근육은 유연해 효과가 더욱 크다. 어릴 때부터 정확한 발음법을 익힌다면 원어민처럼 정확한 발음을 구사할 수 있다. 또한 아이들은 새로운 것을 시도하는 두려움이 적고 반복하는 것을 좋아하기 때문에 더욱 손쉽게 영어와 정확한 발음을 배울 수 있다. 엄마 아빠는 아이가 영어를 꾸준히 해나갈 수 있도록 추진력이 될 흥미를 심어주고, 정확한 발음 방법을 알려주면 된다. 엄마 아빠도 원어민처럼 발음할 수 있고, 원어민처럼 발음하는 엄마 아빠가 있다면 아이도 원어민처럼 영어를 구사할 수 있다.

아이에게 한국어를 가르칠 때를 기억해보자. 'ㄱ, ㄴ' 하며 문자부터 시작하지 않는다. '엄마, 아빠, 할머니, 맘마'와 같은 단어로 말문부터 튼다. '엄마, 아빠'를 말하는 것을 가르칠 때, 우리는 '엄'과 '마', '아'와 '빠'를 한 글자씩 즉 한 개의 소리씩 발음한다. 1음절씩 정확하게 천천히 발음하며 아이가 따라 할 수 있게 도와준다. 영어도 마찬가지다. 한국어처럼 음절 단위로 끊어 하나씩 발음하는 법을 가르친다면, 정확하고 자연스러운 발음을 가르칠 수 있다.

영어를 배운 많은 사람이 분명 아는 단어인데 드라마에서 듣거나 실제 원어민과 대화할 때 제대로 들리지 않는 경험을 한다. 단순히 말이 빠르거나 우리가 배운 발음이 부정확한 문제가 아니라, 음절의 수 때문이다. '오·렌·지'가 아니라 'o·range', '그·랜·드·마'가 아니라 'grand·ma'다. 배우고 익힌 것과 달리 원어민이 말할 때는 음절 수가 훨씬 적기 때문에 말이 빠르게 느껴지는 것은 물론, 쉽게 알아듣지도 못한다. 그러니 엄마 아빠의 영알못을 아이에게 물려주지 않으려면 음절의 구분을 정확히 하는 게 중요하다. 어렵지 않다. 알파벳을 알고, 손가락으로 10까지 셀 수 있으면 충분하다.

'엄마, 아빠'를 가르치고 함께 놀아주던 방식에 세 가지 사운드를 더한다면, 아이는 영어유치원에 다니지 않아도 원어민 발음을 배울 수 있다. 영어유치원의 특수하고 전문적인 환경이 주는 이점을 영어를 잘 못하는 평범한 엄마 아빠도 얼마든지 우리 집에서 끌어낼 수 있다.

Chapter 2
우리 아이 영어 30년 성공 로드맵

영어는 태어나서부터 30년 이상 이어지는 마라톤이라고 할 수 있다. 너무 일찍 전문적인 영어교육이 시작되면 아이가 초기에 질려서 영어 자체를 싫어하거나, 아예 포기해버리는 상황이 생긴다. 처음부터 빠르게 달려 앞서가는 마라톤 선수는 완주하기 힘들고, 선수들이 페이스 메이커를 두는 것과 마찬가지다. 영어도 어릴 때는 워밍업에 집중해야 한다. 다시 말해 아이가 30년 동안 스스로 영어를 할 수 있도록 마음의 준비를 하는 데 집중할 시기다. 특히 영어는 중고등학교 수능 영어에서 끝나는 게 아니라 20살 이후 대학, 취직, 승진을 위한 영어로 계속 이어지기 때문에 넓은 시야로 아이들의 영어 공부 계획을 짜야 한다. 이번 챕터는 우리 아이 영어의 성공을 위한 '30년 장기 계획'의 가이드라인이다.

영어는 장기 계획

11. 영어는 언제까지 공부해야 할까?

영어는 아이가 흥미를 느낄 때, 엄마 아빠가 준비됐을 때를 기다리되 10살부터는 꼭 시작해야 한다. 그렇다면 3~5살부터 준비해 10살 때 시작한 영어는 대체 언제까지 공부해야 할까? 수능을 보고 나면 끝날까? 끝나지 않는다. 중고등학교 수업부터 수능, 그리고 대학 영어, 토픽, 오픽, 취업까지 적어도 30년은 영어를 해야 한다. 영어는 단거리 경주가 아니라 마라톤이다. 마라톤을 완주하기 위해서는 멀리 내다보고 장기적인 계획을 세우는 게 중요하다. 30년 장기 영어 공부를 성공적으로 완주하려면 아이가 어릴 때부터 넓은 시각으로 로드맵을 그려야 한다.

단기적인 아웃풋에 집착하며 어릴 때부터 영어 지식을 쌓게 하는 것은 금물이다. 스스로 공부하는 나이가 되기도 전에 지식 위주의 교육에 노출되면 아이는 사고력과 개성을 잃고 그저 문제를 풀고 점수를 내는 기계가 되어버릴 수 있다. 더 넓은 세상을 경험하는 것은 점수가 높은 아이가 아니라 즐기는 아이다.

30년 영어는 크게 세 시기로 나눌 수 있다. 첫 10년은 영어에 재미를 붙이는 시기로, 앞으로의 20년 영어를 즐기며 주도할 수 있도록 추진력을 주는 것이다. 마라톤에 참가하기 전에 훈련부터 시작해 코스를 파악하고 계획을 짜는 것과 같다. 엄마 아빠가 주도하며 아이와 함께 놀이로 영어를 해야 한다. 다음 10년은 학교 영어 즉 수능 영어를 준비하며 본격적으로 달리기 시작하는 시기라고 할 수 있다. 문법과 독해가 중요하며, 이때는 아이의 실력에 따라 영어 전문가나 학원, 인터넷 강의의 도움을 받는 것도 좋은 방법이다. 그리고 마지막 10년은 자기만의 페이스를 찾아 안정적으로 달리며 완주를 바라보는 시기다. 이때는 아이가 엄마 아빠의 도움 없이 스스로 주도해야 한다. 마라톤이 시작하면 성적이 전적으로 선수에게 달려 있듯, 10살 이후의 아이 영어 성공은 전적으로 아이의 흥미와 노력에 달렸다.

첫 10년, 아이를 위해 부모님은 영어를 어떻게 주도해야 할까? 사실 반은 이미 알고 있다. 아이가 즐길 수 있게 엄마 아빠부터 영어를 즐기고, 조급함을 버리고 영어 동요와 동화를 활용하는 것이다. 그리고 나머지 반은 아이를 위한 30년 영어 계획을 세워주는 것이다.

영어 공화국 대한민국에서 가장 중요한 것은 아이가 알고 있는 영어 단어의 숫자다. 단어라고 하니 시험을 위해 암기해야만 할 것 같은 느낌을 주는데, 사실 한국어를 얼마나 잘하는가와 마찬가지로 단어를 얼마나 아는지, 즉 어휘력을 말하는 것이다. 모국어 어휘력이 풍부할수록 생각도 표현도 폭넓게 해낼 수 있다. 영어 역시 이런 어휘력이 기반이 된다.

최근 아이들에게 미국 초등학교 교과서를 읽혀 미국 초등학생 수준의 영어 어휘를 주입하는 방법이 유행하고 있다. 하지만 영어가 모국어인 미국 초등학생과 우리 아이들은 다르다. 영어를 외국어로 배우는 우리 아이들에게 초등학교 영어 어휘는 한국어 어휘의 $\frac{1}{10}$, $\frac{1}{20}$ 정도면 충분하다. 성공적인 30년 영어 계획의 핵심도 어휘인데, 많은 어휘를 알수록 좋다는 것이 아니라, 나이에 맞는 기본 어휘를 익히는 것을 목표로 계획을 세워야 한다는 것이다.

-영유아: 영어 동요와 플래시 카드를 사용해 100~200단어 인지

-유치원: 200~500단어의 소리&의미 파악

-초등 1~2학년: 500~1,000단어의 소리&의미 파악

-초등 3~6학년: 1,000~3,000단어의 소리&의미 파악

-중학교 영어 과정: 10,000단어 파악

-고등 수능 준비: 20,000단어 파악

-대학 생활 스피킹: 1,000~2,000단어의 정확한 발음&스피킹

-취업 면접 영어: 3,000단어의 정확한 발음&스피킹

12. 영알못 엄마 아빠가 된 이유는 무엇일까?

학창 시절 수백, 수천 단어를 암기하고 문법 규칙을 배웠는데, 원어민과의 대화는 어렵기만 하다. 원어민의 말을 잘 알아듣지도 못하고, 단어는 떠오르는데 입에서 맴돌기만 할 때도 있다. 어떻게든 문장을 완성해서 말을 꺼내도 외국인이 이해하지 못해 "Pardon?" 하고 되묻는 상황도 잦다. 대체 왜 10여 년의 영어 공교육을 거치고도 영알못이 된 걸까?

중고등학교 영어 선생님이 독해, 문법만 가르치고 스피킹을 안 가르쳤기 때문이다. 왜 선생님들은 스피킹을 가르치지 않았을까? 영어 선생님 대부분이 부정확한 발음과 음절 때문에 스피킹이 안 되기 때문이다. 음악 선생님이 작사, 작곡 이론은 전문가지만 음치에 박치라면 아이에게 노래 소리를 가르칠 수 없는 것과 같다. 그리고 중고등학교 영

어 선생님이 스피킹이 안 된 이유는 부정확한 발음이다. 사실 한국의 영어 선생님은 문법과 독해에서는 누구에게도 뒤지지 않는 전문가지만, 수능 문제를 풀고 점수를 내는 것에 특화된 탓에 영어를 잘하는 학생을 기르기에는 부족하다. 영어 점수를 내고 문제를 푸는 게 중요하지 않다는 말이 아니다. 다만 악보를 보고 쓰는 법은 노래에 필요한 요소지만 이것만으로는 노래를 잘 부를 수 없듯, 영어도 문법과 독해만으로는 잘할 수 없다. 이것이 한국인이 10여 년의 영어교육을 거치고도 영어를 못한 이유다. 아이에게 영알못을 물려주고 싶지 않다면, 학교에서 제대로 배우기 어려운 스피킹을 집에서 엄마 아빠가 직접 가르쳐줘야 한다.

영어 스피킹의 핵심은 발음이고, 영어 발음의 핵심은 음절이다. 그리고 영어 음절의 핵심은 모음에 있다. 영알못 엄마 아빠도 모음과 음절 구분에만 신경 쓴다면 원어민처럼 발음하며 아이에게 영어 발음을 가르칠 수 있고, 아이를 스피킹까지 잘하는 '영잘러'로 키울 수 있다.

한국어 발음법과 영어 발음법은 전혀 다르다. ㄱ, ㄴ과 a, b, c의 소리가 다른 것에 더해, 음절을 구분하고 발음하는 법이 다른 게 핵심이다. 그래서 아이가 한국어 발음법에 익숙해지고 그대로 혀가 굳기 전에 영어를 발음하는 방법을 익히게 해줘야 한다. 이론을 가르치는 게 아니라 습관을 들여주는 것인데, 앞서 예로 들었던 'English'를 읽어보자. '잉글리시'로 읽었다면 틀렸다. 'English'를 보면 '잉・글・리・시'의 4개 소리(음절)가 아니라 'Eng・lish'의 2개 소리로 발음해야 한다.

문법 지식은 전문가의 도움이 필요하지만, 유아기의 영어 습관과 스피킹은 우리 집 영어유치원과 엄마 아빠표로 충분하다. 유아기에 필요한 필수 어휘는 양이나 난이도가 영알못 엄마 아빠에게도 버겁지 않기에, 원어민 발음법만 안다면 해낼 수 있다.

13. 엄마 아빠도 원어민처럼 발음할 수 있을까?

초등학교 아이들은 기본 어휘 1,000~2,000개만 알아도 외국에 나가 금세 친구를 사귀고 즐겁게 대화하며 놀 수 있다. 영어유치원 아이들도 단어 몇 가지로 원어민 선생님과 소통하고 대화할 수 있다. 성인의 경우 일상적인 스피킹은 1,000단어만 있어도 충분히 할 수 있다. 아이들이 모국어인 한국말을 배울 때 50단어 정도만 터득하면 엄마 아빠와 일상적인 대화가 가능한 원리와 같다. 사실 엄마 아빠도 중고등학교 6년 동안 영어 수업을 듣고 수능 영어를 준비하며 많은 어휘를 익혔다. 이렇게 충분한 어휘력을 가졌는데도 왜 아이들보다 외국인과의 소통에 문제를 겪을까? 앞서 강조했듯 핵심은 발음이다.

발음은 이미 예전부터 한국인 영어의 큰 문제로 알려진 부분이다. 그러나 우리가 이야기할 발음은 지금까지 얘기된 l, r, th의 일명 혀를 굴려 말하는 버터 발음이 아니다. 사실 진짜 문제는 자음이 아니라 모음이다. 정확히는 모음으로 구분할 수 있는 말소리의 단위, 음절이다.

노래는 한 박자를, 말소리는 음절을 하나의 단위로 삼는다. 그리고 한국어는 말소리 단위와 글자 단위가 일치한다. 세종대왕이 말소리를 하나씩 본떠 글자를 하나씩 만들어 한글을 창제한 덕이다. 반면 영어는 단어를 통으로 합쳐 쓰는데, 한글과 달리 글자 하나가 하나의 음절과 일치하지 않기 때문에 외국인인 우리는 영어 단어를 읽을 때 음절을 구분하기가 어렵다.

음절 구분으로 원어민 발음 맛보기
통으로 붙어 있는 영어 단어:
strawberry, watermelon
1음절씩 나누어서 발음하기:
straw·be·rry, wa·ter·me·lon

우리말의 '딸기'는 글자 수 2개, 음절 수도 2개이지만, 영어의 'strawberry'는 글자 수는 10개이고 음절 수는 'straw•be•rry'의 3개다. 이처럼 영어는 단어 소리와 글자가 일치하지 않는 경우가 많아 스펠링을 암기하는 것이 어렵고, 노래 가사에서도 음절을 나누기 위해 하이픈(-)을 자주 사용한다. 한국어에서는 '반짝반짝 작은 별'의 7글자가 7음절이자 7박자이기에 박자에 맞춰 음절을 구분해줄 필요가 없다. 하지만 영어는 'twin-kle twin-kle lit-tle star'처럼 알파벳 24자, 단어 4개를 7박자에 맞추기 위해 하이픈을 사용해 7음절로 나누어 표기한다.

영어의 'star'는 실제로는 1음절이지만 한국어로 표기하면 '스•타'의 2음절이 된다. 원래는 1음절인 발음을 우리나라 사람들은 2음절로 발음하니 부정확하고, 원어민과 대화도 통하지 않는 것이다. 누군가가 한국어 '별'을 '벼•르'라고 2음절로 늘려 말하거나, '사과'를 '사•고•아'라고 끊어 말한다면 부정확한 발음이 되고, 우리도 단번에 이해하기 어려울 것이다. 그래서 사실 한글을 배우고 글자와 음절이 일치하는 한국어 구조에 익숙해지기 전인 유아기의 아이들은 더 쉽게 정확한 영어 발음을 배울 수 있다. 물론 발음 근육이 굳은 엄마 아빠도 <u>음절 구분을 기반으로 영어 단어를 발음한다면 원어민처럼 발음할 수 있고, 아이들에게도 정확한 사운드를 알려줄 수 있다.</u>

14. 우리 아이 영어 스피킹 성공 원리는 무엇일까?

아이에게 말을 가르칠 때, 우리는 '엄마'와 '아빠'를 1음절씩 천천히 말하며 정확한 발음을 알려준다. 아이들은 어려서부터 부모님을 통해 단어를 1음절씩 정확한 발음으로 듣고 따라 하며 한국어를 터득한다. 영어도 마찬가지다. 엄마 아빠가 정확한 발음으로 1음절씩 천천히 말해준다면, 아이는 정확한 사운드를 익혀 영어 스피킹에 성공할 수 있다. 그러니 <u>엄마 아빠가 음절을 구분할 줄 알아야 한다.</u> 그런데 한국어와 영어는 음절을 구분하는 방법에 큰 차이가 있다. 한국어는 글자 수와 음절 수가 일치하기 때문에 한 글자가 곧 하나의 음절이라 음절을 따로 구분할 필요가 없다. 이미 음절이 구분된 상태로 표기되는 것이다. 하지만 영어는 다른데, 음절 수와 글자 수가 일치하지 않아서 글자를 보고 음절을 구분할 수 없고, 별개의 기준이 필요하다. 그리고 그 기준이 바로 모음이다. 모음으로 단어의 음절을 구분해 정확하게 발음하는 것, 그게 영어 스피킹 성공의 핵심 원리다.

1음절이 초성(初聲)의 자음과 중성(中聲)의 모음으로 이루어진 한국어처럼, 영어도 자음과 모음이 하나의 음절을 만든다. 일반적으로 각 음절은 하나의 모음을 포함한다.

사실 영어를 단어만 보고 읽기가 어려운 또 다른 이유도 모음에 있다. 파닉스에서는 모음을 'a(아), e(에), i(이), o(오), u(우)'의 소릿값(음소, 음가)으로 배운다. 그렇다면 'car, cat, call, cake'를 읽어보자. '카, 캣, 콜, 케이크'로 읽힌다. 똑같이 a 모음이 들어간 단어인데도 4개의 서로 다른 소릿값 '아, 애, 오, 에이'로 발음한다. 하나의 문자가 하나의 소리값만 가지는 한글과 다르게 영어는 하나의 문자에 여러 개의 소릿값을 가지기 때문에 한국인에게는 영어 파닉스가 어려울 수밖에 없다. 그래서 처음에는 글자를 읽는 법이 아니라 단어 단위의 사운드로 시작하고, 한글을 익힌 다음에 파닉스를 배워야 한다. 무엇보다 중요한 것은 아이가 처음 사운드를 배울 때는 글자와 연결하지 않고, 단어의 정확한 음절에 맞춰 발음을 터득하도록 해야 한다는 것이다.

하지만 아이들은 음절이며 모음, 문자의 개념을 이해하고 스스로 음절을 구분할 수 없다. 그래서 엄마 아빠의 주도가 중요하다. 아이가 직관적으로 음절의 수를 느낄 수 있도록 핑거사운드와 서클사운드가 필요하다. 영어

하나의 음절에 하나의 모음, 예외 맛보기
-**이중모음**: 한 음절에 2개 이상의 모음이 있다. (boy, boat, straw・be・rry)
-**모음이자 자음**: 주로 모음으로 쓰이지만 자음 역할도 하는 알파벳이 있다. (ye・llow)

단어를 통으로 읽지 않고 음절을 구분해 읽어주고, 아이가 음절을 구분할 수 있도록 표시해주는 것이다. English를 '잉・글・리・시'로 읽는 대신 'Eng・lish'로 나누어 발음하고, 한 음절씩 발음하며 손가락을 꼽거나 접는다. 또, 종이로 보여줄 때는 네모 칸을 그려 1음절이 한 칸에 들어간 형태로 보여주는 게 좋다. 이렇게 하면 아이가 글을 모르더라도 한눈에 보고 단어의 음절을 인식할 수 있다.

Chapter 1에서 설명했던 우리 아이 영어 3단계를 떠올려보자. 1단계에서 영어 소리를 인지했다면 2단계에서 단어의 소리를 익힌다. 핑거사운드와 서클사운드로 단어 음절을 구분해주는 게 2단계에서 필요한 방법이다. 마지막 3단계에서는 이미 아는 단어 소리를 글자에 연결할 차례다. 음절이 구분돼 있지 않은 단어를 보고 아이가 직접 음절 구분하는 방법인데, 이때는 음절마다 동그라미를 치며 천천히 읽는 게 좋

다. 2단계에서는 엄마 아빠가 서클사운드로 음절을 구분하는 모습을 아이에게 보여줬다면, 3단계에서는 아이가 직접 동그라미를 그리며 음절을 구분하는 것이다. 끊김 없이 동그라미를 그리며 발음을 연음처럼 부드럽게 이어갈 수 있다. 이것이 바로 집에서도 원어민 발음을 익힐 수 있는 원리이다.

**우리 아이 영어 단계
(Chapter1-1)**
-**1단계**: 영어 소리 듣기 시작
-**2단계**: 영어 단어 소리 따라 하기
-**3단계**: 영어 글자 소리 따라 하기

영어 30년 성공 로드맵

15. 우리 아이 10살 이전, 성공적인 영어 인생을 위한 준비는?

영유아 시기에는 전문적인 교육에 노출하거나 지식을 쌓는 것보다 흥미와 감각 놀이에 집중하는 게 좋다. 언어 지식을 본격적으로 배우는 데 가장 적절한 시기는 10~17살로, 10살까지는 영어에 흥미를 만드는 것에 집중해야 한다. 이를 위해 아이가 좋아하는 영어 동요 10~20곡, 좋아하는 영어 동화책 10~20권을 반복해야 한다. 물론 디즈니 애니메이션도 얼마든지 활용할 수 있다. 아이가 가사나 내용을 외울 정도로 반복해 그 속의 100~200개 단어를 자연스럽게 장기 기억으로 전환하는 것이다. 처음에는 영어 동요를 함께 반복해 듣고, 함께 따라 부르는 단계에서 플래시 카드를 활용해 단어의 뜻을 익히게 하자. 영어 동화책 속 단어도 마찬가지다. 글자를 보고 읽고 스펠링을 외우는 것이 아니라, 플래시 카드의 그림이나 물건을 보고 어떤 단어인지 소리 내서 말할 수 있으면 된다. 이렇게 유아기 때는 일상 대화에 사용하는 100~200개 정도 영어 단어를 인지하고 정확히 발음할 수 있다면 충분하다.

단어 소리를 익혔다면 그다음은 알파벳과 파닉스다. 알파벳은 한글을 익힌 다음에 익혀야 한다. 초등학교 1, 2학년 때 시작해도 늦지 않으니 조급할 필요 없다. 학교에서 영어교육이 시작되는 초등학교 3학년 이전에만 익히면 된다. 부모님과 함께 부르고 익혔던 노래 가사의 단어를 읽으며 시작하는 게 좋은데, 기존에 익힌 100~200개의 단어를 글자로 읽는 것이다.

'파닉스(phonics)'의 '파(pho)'는 소리, '닉스(nics)'는 글자를 의미한다. 소리로만 알던 말을 글자와 연결해 글자를 보고 읽게 하는 것이 바로 파닉스다. 이전까지는 그림을 보고 단어를 말하고, 음절 수도 그림처럼 보고 익혔다면, 이제 그 단어 소리를 글자와 연결 짓는 것이다.

더 정확한 영어 발음을 원하면 알파벳 대신 발음기호를!
-알파벳: 26개 글자로 44개의 영어 소리를 표현하는데, 특히 6개뿐인 모음으로 18개 소리를 내야 하기에 한 글자가 여러 소리를 가진다.
-발음기호: 40개 문자로, 알파벳보다 정확하게 영어의 모든 소리를 표현할 수 있다.

알파벳 26개 문자를 배우기는 비교적 쉽지만, 알파벳과 소리를 연결하는 일은 아이들에게는 무척 어려운 일이다. 그래서 아이가 한글을 익히기 전에 단어 단위의 사운드를 익히고, 한글을 배운 뒤에 기존에 알던 단어 사운드에 글자를 연결하는 파닉스를 진행해야 한다. 이때 파닉스는 변화 많고 복잡한 모음보다는 자음 위주로 가르치는 것이 좋다. 더 자세히 말하자면 파닉스는 자음 소리를 익히기에는 좋으나 모음을 이해하기에는 적합하지 않다. 한글에는 모음이 21개인데, 영어 알파벳은 모음이 6개뿐이다. 즉 영어는 6개의 모음으로 18개의 소리를 만들기 때문에 하나의 알파벳이 여러 소리를 낼 수밖에 없다. 'but'과 'put'의 발음이 다른 이유다. 그래서 모음은 글자마다 하나의 소리로 외우는 파닉스로 익히기에 적합하지 않다. 차라리 계속 동그라미나 네모 표시로 음절을 나누며 음절 패턴을 익히는 게 좋다. 이렇게 읽는 방식에 익숙해지면 아이는 자연스레 자음과 모음을 엮어서 읽는 패턴을 터득한다. 배우지 않은 단어도 패턴으로 정확한 발음을 유추할 수 있게 되는 것이다.

16. 우리 아이 초등 3학년 영어 준비는?

초등학교 3학년은 아이가 처음으로 학교에서 정규 교육과정으로 영어를 배우는 시기로, 남은 20년 영어의 성공 여부를 결정짓는 첫 번째 분기점이다. 처음으로 학교에서 다른 아이들과 함께 영어를 배우는 시기이기 때문이다. 우리 아이가 아무런 대비 없이 학교에서 영어를 처음 접한다고 생각해보자. 영어가 어렵고 낯설게 느껴지고, 수업을 따라가기 힘들 것이다. 주위 아이들은 수업을 잘 따라가고 선생님께 칭찬도 받는데 혼자 뒤처진다면 아이는 영어에 흥미를 잃을 가능성이 크다. 그리고 영어에 관심이 없고 영어 시간이 싫은 아이는 영어 공부도 열심히 하기 힘들다. 스스로 하는 영어 공부가 필요한 중고등학교 영어 수업을 따라갈 준비가 부족해지는 것은 물론, 수능을 위한 단어 외우기 습관도 갖춰지지 않아 결국 남은 20년의 영어가 평탄하지 못할 것이다.

반대로 영어를 너무 과하게 준비했다면 아이는 학교 영어 수업을 지루하게 느껴 흥미를 잃고 소극적으로 변할 수도 있다. 초등학교 3학년부터 이르게 중고등학교 어휘와 문법을 준비할 필요는 없다. 차근차근 순서를 따라가면 중고등학교, 수능 영어 대비도 얼마든지 잘 해낼 수 있다. 초등학교 시기에는 아이가 학교 영어 수업에서 뒤처지지 않게끔만 해주면 된다. 영어 수업에서 자신감을 가지고 정확한 발음을 구사하며 선생님께 칭찬받는다면 아이는 영어로 인정받은 경험과 성취감을 토대로 계속해서 영어를 좋아하고 스스로 공부해낼 수 있다.

초등학생은 500~1,000단어만 알면 또래 친구들과 막힘없이 영어로 소통할 수 있다. 학년에 따라 조금씩 늘어나지만, 초등학생이 알아야 할 기본 어휘는 1,000단어를 벗어나지 않는다. 그렇다면 영어 수업이 시작되는 10살 때 단어를 시작하면 될까? 그렇지 않다. 10살 영어 수업이 시작되기 전에 미리 준비해야 한다.

아이가 초등학교 영어 수업을 따라가기 위해 미리 준비할 것은 세 가지다. 기본 어휘 300단어, 알파벳, 그리고 발음이다. 초등학교 3학년이 되기 전에 아이와 함께 300단어는 익혀두어야 한다. 그래야 영어 선생님이 하는 말을 잘 따라 하고 수업에 뒤처지지 않는다.

알파벳도 이제는 피할 수 없다. 학교에서 영어 수업이 시작되기 전에 알파벳을 터득해야 한다. 물론 아이가 한글부터 떼고 난 뒤에 시작해야 한다. 모국어의 글자도 모르는데 외국어 글자부터 시작해서는 안 된다. 초등학교 1, 2학년에 한글을 뗐다면 그때 알파벳을 시작해도 괜찮다. 또 하나 중요한 것이 발음이다. 초등학교 영어는 스피킹 위주의 수업으로, CD나 선생님의 음성을 듣고 따라 하는 과정이 많아 아이의 발음이 아주 중요하다. 그리고 아이의 정확한 발음을 위한 엄마 아빠의 역할은 아이가 단어를 익힐 때 음절을 구분해주는 것이다. 어릴 때부터 정확한 발음으로 단어를 읽어야 단어를 조합해 문장을 말할 때도 정확한 발음을 구사할 수 있다.

17. 우리 아이 중학교 영어 준비는?

중학교는 본격적으로 수능 영어를 준비하는 시기로, 중학교 영어의 핵심은 어휘량과 문법이다. 중학교 때는 수능 최소 어휘인 20,000단어 중 절반인 10,000단어가 완성되어야 하며, 초등 영어에서는 다루지 않는 문법 공부까지 시작된다.

스피킹 위주의 초등 영어에서는 최소한의 어휘를 정확한 발음으로 구사하는 게 중요하다. 하지만 수능 영어는 독해 위주이며, 독해는 최대한 많은 단어를 암기해야 한다. 어휘량이 많을수록 유리하고, 발음보다는 의미가 중요하다. 초등학교 때는 6년 과정을 통틀어도 3,000단어면 충분한데, 중학교 때는 3년 사이에 10,000단어를 외워야 한다. 고등학교 때는 여기에 더해 10,000~15,000단어를 추가로 외운다. 중고등학교 6년 내내 단어 암기가 필요하기 때문에 미리 단어 암기 습관을 만들어야 한다. 초등학교 6학년 때 5,000단어 정도를 외우며 암기 훈련을 하고 습관을 형성하는 것이 중학교 영어 준비의 첫 단계다.

중학교 영어는 문법 위주라는 점에서도 초등 영어와 다르다. 동사, 명사, 형용사 등 품사와 동사의 과거, 현재, 과거분사, have+p.p, 현재분사 등 아이들에게 낯설고 어려운 문법 용어가 등장한다. 명칭부터 쉽지 않은 문법을 중학교에 들어간 뒤 수업에서 처음 접한다면 개념을 이해하는 것조차 난관이다. 그렇게 중학교 문법 영어에서 자신감과 흥미를 잃으면 영어를 포기하게 되고, 고등학교 수능 영어 역시 실패할 확률이 크다. 그러니 중학교에 올라가기 직전, 초등학교 6학년 겨울방학 때 기본적인 영어 문법책 한 권 정도는 익혀야 한다. 기본적인 품사와 동사 변화를 알아야 중학교 영어 수업을 따라갈 수 있다. 영어유치원에 다니거나 미국에서 초등학교를 나와 영어를 잘했던 아이가 중고등학교에 올라가 영어를 어려워하고 점수도 잘 나오지 않는다면 한국식 영어 문법에 취약해서다.

이때야말로 엄마 아빠표 영어보다는 지식 위주의 전문가적인 교육, 학원이나 과외가 필요한 때다. 엄마 아빠가 문법을 잘 알더라도 학원이나 과외 등 전문가에게 맡기는 것이 좋은데, 아는 것을 넘어 잘 가르치는 스킬도 필요하기 때문이다. 아이의 흥미를 자극하는 영어유치원은 지식이나 기술보다는 아이와의 교감이 중요하나, 영어 문법 지식을 가르치는 것은 다른 영역이다.

독해와 쓰기를 잘하려면 책을 많이 읽는 것도 좋은 방법인데, 아이들이 중학교에 올라가면 책을 읽을 시간이 없어 미리 문법 지식을 쌓는 방법이 더 낫다. 물론 너무 이른 문법 공부는 오히려 역효과를 낼 수 있어 주의가 필요하다. 최적의 시기는 초등학교 6학년 겨울방학이다. 그래도 조금 더 일찍 시작하고 싶다면 적어도 아이가 한국어로 혼자 이야기를 구성해 글짓기를 할 수 있을 때 고민해보자. 문장에서 과거, 현재, 미래를 구분해 쓸 줄 아는 수준의 분별력이 있어야 문법을 이해할 수 있기 때문이다. 그 전에 문법 공부를 시키는 것은 이해할 수 없는 외계어 주입하는 것과 다름없다. 빠르면 초등학교 5학년에 시작하는 아이도 있으나, 아이가 흥미를 보이지 않는다면 중학교에 들어가기 직전, 초등학교 6학년 겨울방학 때까지 미뤄도 괜찮다. 너무 늦은 게 아닌가 하고 걱정하거나 조급할 필요 없다. 얇은 문법책 한 권이면 충분하다.

18. 우리 아이 수능 영어 준비는?

우리나라 공부의, 영어의 하이라이트는 바로 수능이다. 학교 영어 수업의 핵심도 수능 영어다. 그리고 수능 영어는 발음이나 문법보다는 지문 독해를 위한 어휘력이 중요하다. 문법에 능숙해도 단어를 모르면 지문을 이해하고 문제를 푸는 데 어려움을 겪는다.

> **수능 영어 문제 구성**
> **총 45문항:** 듣기 17문항, 독해 26문항, 문법 1~2문항

수능 영어는 총 45문항이고 그중 독해가 절반 이상으로 가장 많다. 독해 다음으로 많이 출제되는 영역은 듣기인데, 듣기는 어릴 때부터 음절을 구분해 정확한 발음으로 영어 단어와 문장을 듣고 따라 하는 것만으로도 충분히 대비할 수 있다. 다만 중고등학교 영어 수업은 듣기와 말하기 위주가 아니기 때문에, 어릴 때 다져놓은 정확한 발음 습관을

유지할 수 있도록 자주 듣고 말할 수 있는 환경을 만들어야 한다. 원어민과 대화하는 환경을 말하는 것이 아니다. 아이 스스로 정확한 발음으로 영어 지문이나 단어를 소리 내어 읽게 해주는 정도면 된다. 이미 정확한 발음을 잡아주었으니, 그 방법을 잊지 않도록 해주는 것이다. 특히 사운드는 이후 대학과 취업 시기에도 중요한 영어 성공 요건이기 때문에 꾸준히 정확한 발음을 유지하는 게 좋다.

다시 독해로 돌아가자면, 그 핵심은 어휘량이다. 하나라도 많은 영어 단어를 아는 게 유리하고, 적어도 20,000단어 이상이 필요하다. 고등학교 3년 사이에 익히기는 버거운 양이다. 그래서 꾸준히 어휘를 익히고 적당한 시기에 암기 습관을 들이는 과정이 필요한 것이다. 이때 그 적당한 시기를 잘 설정하는 것이 중요한데, 장기 기억이 발달하기도 전에 수능을 대비하는 것은 의미가 없다. 그래서 유아기, 초등학교 시기에는 최소한의 단어를 통해 정확한 발음과 패턴을 익히는 데 집중하고, 중학교 때 본격적으로 수능 영어를 준비하는 것이다.

수능 독해 문제는 복잡한 영어 지문이 흔하게 출제된다. 영어를 모국어로 쓰는 영국이나 미국 영어 선생님들도 모르는 어려운 영어 단어가 자주 나올 정도다. 그만큼 지문을 이해하고 문제를 풀기 위해서는 어휘량이 중요하다. 그래서 한편으로는 모르는 단어가 나와도 답이 아닌 것을 제외해 정답을 찾는 스킬이 생기기도 했다. 그러나 영어는 답도 영어다. 정답이 아닌 것을 제외하기 위해서도 단어가 필요하다는 말이다. 모르는 단어, 어려운 단어를 지문의 맥락으로 추측하는 것도 지문의 다른 단어는 알고 있어야 가능한 일이다. 이처럼 수능에서 어휘는 지문을 이해하기 위해서도, 모르는 단어를 유추하기 위해서도, 답이 아닌 것을 제외해 답을 찾기 위해서도 필수적인 요소다. 수능 영어 대비의 핵심은 어휘량이다.

19. 우리 아이 대학 영어 준비는?

사실 대학생 이후의 영어 인생은 오롯이 아이가 주도해야 한다. 이 시기까지 엄마 아빠가 적극적으로 지도해줄 필요가 없다. 다만 미리 방향을 잡아주고 습관을 만들어주는 것은 엄마 아빠의 역할이다.

우리는 이제 중고등학교 수능 영어가 독해 위주의 어휘량 승부라는 것을 안다. 그렇다고 해서 초등학교 이후로 스피킹 영어는 아예 필요 없느냐고 묻는다면 그것도 아니다. 수능 영어에서도 듣기 영역의 비중이 크고, 대학교 때도 영어 프레젠테이션은 흔한 과제다. 토익의 반쪽 토플도, 취업 때 심심치 않게 등장하는 영어 면접도 빼놓을 수 없다.

유아기부터 초등학교 때까지 스피킹 영어를 하다 중고등학교 때는 수능 독해 위주의 영어를 했는데, 대학교에 가니 다시 스피킹이 중요해 진다. 어려운 단어를 외우고 그 뜻을 알기보다는 일상 어휘를 정확히 발음해야 한다. 1,000단어 정도면 대학 영어 회화, 영어 프레젠테이션 과정도 성공할 수 있으나 중고등학교 6년 내내 수능 영어만 준비하다 갑자기 유창하게 영어를 말하기란 쉽지 않다. 그래서 수능 영어를 준비 하면서도 스피킹을 놓지 말아야 한다.

우리 집 영어유치원에서 열심히 잡아둔 발음을 중고등학교 때 꾸준히 유지하는 게 중요하다. 아이가 중학교에 들어가기 전까지는 엄마 아빠가 주도해 발음을 잡아주고, 중고등학교 때는 아이가 스스로 수능 영어를 공부하되 엄마 아빠가 발음 공부를 보조하는 것이다. 아이가 단어를 외우고 독해 지문을 공부할 때, 소리를 내서 외우고 읽게 하는 것이다. 일주일 중 주말에 한두 번 정도면 충분하다. 아이에게 보상을 약속하고 읽기를 시키는 방법도 괜찮다. 핵심은 아이가 음절을 구분해 정확한 발음으로 영어를 읽는 것이다.

이처럼 영어는 수능을 보면 끝나는 과목이 아니고, 엄마 아빠표 영어도 아이가 어릴 때 끝나는 것이 아니다. 아이의 영어 인생도, 부모님의 역할도 계속해서 이어진다. 아이가 어릴 때는 모국어와 정서 발달에 중점을 두고, 그저 영어라는 존재를 인지하고 영어가 즐겁다고 생각하게 해주는 것으로 충분하다. 그리고 조금씩 영어를 공부로 해내는 습관을 들여주고, 학교 공부에 뒤처지지 않도록 최소한의 어휘를 습득할 수 있게 도와줘야 한다. 아이가 중고등학교 시기 수능 공부를 주도적으로 해내고 대학교 수업과 취업도 스스로 해낼 수 있도록 기반을 다져주는 것이다. 대학에 들어간 뒤로는 아이가 엄마 아빠의 도움이나 보조 없이 스스로 공부하고 배우며 자신의 인생을 책임지는 자세를 갖춰야 한다. 엄마 아빠는 아이가 그런 자세를 가질 수 있도록 아이를 준비시키는 것으로 훌륭히 역할을 해낸 것이다.

20. 우리 아이 언어연수 & 취업 영어 준비는?

해외 언어연수의 목적은 원어민 발음과 유창한 스피킹이다. 취업을 위한 영어 면접과 스피킹 시험을 위한 대학생의 영어유치원 과정이라고 할 수 있다. 그러나 사실 해외 언어연수로 원어민 발음과 유창한 스피킹을 배우는 데 성공하는 사례는 10명 중 한두 명도 있을까 말까 하다. 그만큼 효과를 보기 어려운 방식이다. 영어를 못하는 아이들끼리 모여 부정확한 발음과 부족한 영어로 소통한다고 해서 영어 실력이 늘지는 않는다. 한국에서 영어 스피킹을 터득하지 못했다면 해외 언어연수로 스피킹을 터득할 확률 역시 아주 낮다.

언어연수를 절대 보내지 말라는 말이 아니라, 영어유치원과 마찬가지로 많은 대안이 있음을 알려주려는 것이다. 꼭 언어연수여야만 하는 이유도 없고 언어연수를 고집할 필요도 없다. 영어유치원과 같다. 현지에서 아이의 영어 공부를 보조해줄 '영잘러'가 있고 아이가 일상의 큰 변화에 잘 적응할 수 있는 성격을 가졌다면, 언어연수를 가기 유리한 조건을 갖췄다면 언어연수를 긍정적으로 고려해봐도 괜찮다. 하지만 반드시 언어연수여야만 할 필요는 없다.

군이 해외로 나가지 않아도 정확한 발음을 구사하는 외국인과 소통할 방법은 많다. 우리 집 영어유치원부터 차근히 사운드를 다지고 습관으로 만들었다면 전화 영어나 화상 영어만으로도 충분히 원어민처럼 발음할 수 있다. 한국에서도 전문적인 원어민 선생님이나 발음 코치를 만날 수 있고, 문법을 넘어 현지에서 통하는 농담이나 유행어를 알려줄 친구들도 사귈 수 있다.

한국에서 다양한 방법으로 발음 문제를 해결했다면 남은 것은 현지 문화인데, 언어연수보다는 학교의 교환학생 제도를 추천한다. 기숙사가 제공되니 거주비를 아낄 수 있고, 학비도 한국에서 다닌 대학의 학비만 부담하면 된다. 전공 강의를 수강하며 또래 친구들과 대학 생활도 할 수 있고, 현지 문화를 느끼며 영어 실력도 향상할 수 있다. 자연히 공통 관심사가 있는 현지 친구도 많이 생긴다. 현지 친구를 만들어 즐겁게 소통하는 것은 영어 능력을 키우고 정확한 발음으로 교정하는 데도 유리하다.

취업에서도 영어 스피킹은 빼놓을 수 없는 요소인데, 핵심은 면접관이 이해할 수 있도록 정확한 발음을 구사하는 것이다. 사실 우리 아이는 중고등학교 때 영어 지문을 소리 내어 정확하게 읽고, 대학교에서 영어 프레젠테이션을 하며 이미 취업 영어를 준비해왔다. 지문을 읽으며 정확한 발음으로 문장을 구사하는 습관을 들이고, 프레젠테이션을 통해 청중과 상호 관계를 맺고 자신의 의도를 전달하는 방법을 익힌 것이다. 면접은 면접관과의 관계에서 자신을 잘 어필하는 것이 핵심인데, 정확한 발음과 소통, 의사 전달에 능숙하다면 면접도 두려워할 필요가 없다.

Chapter 3

우리 집은 즐거운 영어유치원 만드는 법

평생을 해야 한다는 점에서 영어는 다이어트와 비슷하다. 단기간에 큰 효과를 보는 대신 평생 갈 습관을 들이는 게 중요하다. 어렵고 힘들게 큰 성과를 얻기보다는 꾸준히 할 수 있어야 하며, 스스로 해낼 수 있다는 자기 효능감을 느껴야 한다. 아이가 장차 장기적인 영어 인생을 훌륭하게 개척할 수 있도록 엄마 아빠가 그 시작을 열어주어야 한다. 아이의 개성에 어울리는 선생님이 되어야 하며, 이에 앞서 영어를 즐기는 선생님이 되어야 한다. 그래야 아이도 영어를 즐길 수 있다. 어릴 때부터 능숙한 영어 실력을 갖추는 것이 목표가 되어서는 안 된다. 최소한 아이에게 영어가 걸림돌이 되지 않고, 아이가 스스로 영어가 필요하다고 느낄 때 혼자 공부해낼 수 있도록 영어를 즐기게 만들어주자. 엄마 아빠가 단순히 영어 지식을 전달하거나 놀이를 해주는 것이 아니라, 아이의 성장을 돕는 선생님이 되는 것이다. 아이의 영어 능력뿐 아니라 정서적 성장과 행복한 경험에도 주의를 기울여야 한다.

우리 집 영어 환경 진단하기

21. 현재 우리 아이 영어 상태는?

아이의 영어 상태는 영어와 아이 사이의 애착 관계가 어떤지에 따라 영어 거부형, 회피형, 그리고 애착형으로 나뉜다.

영어 거부형 아이: 영어를 싫어하고 거부한다.

영어 회피형 아이: 영어를 두려워하고 피한다.

영어 애착형 아이: 영어를 좋아하고 즐거워한다.

영어 거부형 아이는 너무 이르게 혹은 너무 과하게 영어에 노출되어 영어를 싫어하게 된 상태다. 엄마 아빠가 영어만 하면 짜증을 내고 화를 냈다면 이 역시 아이를 거부형으로 만든 큰 원인이다. 영어 회피형은 영어를 너무 늦게 혹은 너무 높은 수준으로 시작한 탓에 영어를 어려워하고 피하는 상태다. 두 유형 모두 영어에서 마음의 상처를 입은 경험이 있는 아이들에게 자주 보인다. 반대로 영어를 거부하거나 회피하지 않고 좋아하며 즐기는 아이가 있다. 바로 영어와 애착 관계가 잘 형성된 영어 애착형 아이다. 거부형과 회피형 아이들은 영어와의 애착 관계 형성이 잘 이뤄지지 않은 아이들이다. 핵심은 아이들이 영어를 어떻게 접하는가이고, 이 문제는 엄마 아빠의 태도에 달려 있다.

아이는 엄마 아빠를 통해 영어를 접한다. 부모님이 틀어주는 CD를 듣고, 엄마 아빠가 읽어주는 동화를 읽는다. 혹은 엄마 아빠가 보내는 학원에 다니고, 엄마 아빠가 고른 책으로 공부한다.

성공적인 영어 인생을 위해서는 아이를 영어 애착형으로 만들어야 한다. 무작정 영어에 많이 노출시키고 익숙하게 만들겠다는 생각을 버려야 아이를 영어 애착형으로 만들 수 있다. 중요한 것은 <u>적당한 시기에 적당한 방법으로, 적당한 수준의 영어를 하는 것이다.</u> 이미 영어를 거부하고 회피하는 아이들에게는 영어를 억지로 시키지 말고 영어 휴식기를 주자. 대신 영어의 존재는 느끼게 해주는 것이 효과적인데, 아이가 직접 영어를 하기보다는 부모님이 아이 옆에서 영어를 공부하는 모습을 보여주는 간접적인 방법이 좋다.

거부형 아이는 자존심이 세고 승부욕이 강한 경우가 많은데, 영어를 잘할 수 없으니 아예 거부해버리는 것이다. 또 회피형 아이는 내성적이고 소극적인 경우가 많다. 승부욕 강한 아이가 모두 거부형이거나, 내성적인 아이 모두가 회피형인 것은 아니다. 핵심은 아이의 성격에 따라 좋아하고 싫어하는 것이 다르니 영어 환경 역시 다르게 만들어주어야 한다는 점이다.

아이에 따라 적절한 영어 환경을 만들어주는 게 중요하며, 아이의 영어 상태를 파악하는 것이 우리 집을 즐거운 영어유치원으로 만들기 위한 중요한 출발점이다. 그렇다면 우리 아이는 왜 영어 애착형이 되었을까? 왜 거부형이, 회피형이 되었을까? 우리 아이가 영어와 이러한 애착 관계를 맺게 된 이유는 무엇일까? 원인은 엄마 아빠의 영어 애착 관계에 있다.

22. 현재 엄마 아빠 영어 상태는?

아이의 정서적 안정은 EQ 발달 시기인 영유아기에 엄마 아빠와 얼마나 애착 관계를 잘 형성했는가에 달려 있다. 엄마 아빠가 즐겁고 행복하면 아이도 즐겁고 행복하고, 엄마 아빠가 화나고 슬프면 아이도 화

나고 슬프다. 그러니 아이의 영어 상태와 함께 부모님의 영어 상태를 파악하는 것이 꼭 필요하다. 아래 세 가지 영어 상태의 특징을 살펴보고, 스스로 어디에 속하는지 파악하는 게 우리 집 영어유치원의 두 번째 순서다.

영어 집착형 엄빠: 영어가 싫지만 아이 영어에 집착해 사교육에 투자한다.
영어 포기형 엄빠: 영어가 어려워 아이의 영어 환경도 만들어주지 않는다.
영어 애착형 엄빠: 영어를 좋아해 아이와 함께 재미있게 영어를 한다.

아이와 마찬가지로 엄마 아빠도 영어와 애착 관계를 잘 맺었다면 영어를 좋아하고 즐긴다. 아이와 즐겁고 재미있게 영어를 하며, 아이가 영어와 좋은 애착 관계를 맺는 데도 핵심 역할을 할 수 있다. 반면 영어 집착형 엄빠는 자신은 영어를 싫어하면서도 아이는 영어를 잘했으면 하는 욕심에 사로잡혀 아이의 영어에 집착한다. 더불어 직접 아이의 영어를 이끌어주지 못하니 사교육에 많은 투자를 하게 된다. 그러나 아이가 너무 어릴 때부터 지식 위주의 사교육, 전문가적 교육에 노출되면 30년 장기 영어 마라톤의 첫 단추부터 잘못 끼게 될 확률이 아주 높다.

그렇다고 아이에게 영어를 전혀 해주지 말라는 것도 아니다. 영어 포기형 엄빠는 영어를 어려워하고, 아이에게 영어 환경을 만들어주는 노

력조차 기울이지 않는 엄마 아빠다. 사교육에 투자하며 집착하지도 않고, 그렇다고 직접 아이의 영어를 주도하지도 못한다. 영어 포기형 엄빠 아래서 영어를 조금도 접해보지 못한 채 학교에 들어가 영어 수업을 하게 되면, 아이는 친구들에게 뒤처지고 수업을 따라가지 못해 자신감을 잃고 아예 영어를 회피하게 된다. 엄마 아빠가 영어에 집착하거나 영어를 아예 포기해버리면 아이도 자연히 영어와 안정적인 애착 관계를 맺지 못해 영어를 거부하거나 회피하게 된다.

반대로 아이가 영어와 안정적으로 애착 관계를 맺어 영어를 좋아하게 되면 자연스레 평생 가는 영어 습관을 들일 수 있고, 꼭 필요한 시기에 스스로 공부할 수 있다. 우리 아이를 이런 아이로 만들려면 어떻게 해야 할까? 답은 간단하다. 엄마 아빠부터 영어를 좋아하고 즐기며 영어와 안정적인 애착 관계를 맺는 것이다.

사실 영어를 싫어하는 엄마 아빠도 영어를 못하기 때문에 회피하고 거부하다 싫어하게 된 것이지, 영어를 잘하고 싶지 않은 사람은 없다. 그리고 계속해서 강조했듯 엄마 아빠가 영어를 못하는 핵심 원인은 바로 사운드, 발음이다. 발음을 해결한다면 영어를 잘할 수 있다는 자신감이 생기고, 그렇게 엄마 아빠가 영어를 좋아하고 즐기면 아이도 영어와 좋은 애착 관계를 맺고 영어 안정형 아이가 될 수 있다.

우리 집 영어 환경 처방전

23. 영알못 엄마 아빠도 영어가 즐거운 선생님이 될 수 있을까?

당연히 될 수 있다. 전문 영어유치원을 우리 집 영어유치원으로 대체할 수 있듯, 엄마 아빠도 영어를 잘하든 못하든 얼마든지 영어유치원 선생님이 될 수 있다. 영어를 즐길 수 있으면 된다. 다행히 영어를 즐기는 것은 어려운 일이 아니다. 자신감을 가지면 되고, 자신감의 원천은 정확한 발음이다. 그리고 우리는 이미 정확한 발음의 원리를 알고 있다. 엄마 아빠가 발음 문제를 극복하면 아이도 정확한 원어민 발음을 구사할 수 있고, 영어 하는 시간을 즐겁게 보내며 영어와 좋은 애착 관계를 형성할 수 있다.

진짜 원어민처럼 정확한 발음을 구사하지 못해도 괜찮다. 원리와 방법만 안다면 아이에게 정확한 발음을 가르칠 수 있다. 립사운드로 정확한 소리를 내려면 입 모양을 어떻게 만들어야 하는지 가르치고, 핑거사운드와 서클사운드로 음절을 정확히 구분하는 습관을 만들어주는 것이다. 가령 'r'로 시작하는 단어를 발음할 때 입술 모양이 왜 중요한지 확인할 수 있다. 평소에 발음하는 대로 'red'를 발음해보자. 이제 입술 모양을 '오'로 시작하며 발음해보자. 두 번째가 훨씬 부드럽고 정확하게 발음된다. 그리고 2음절의 레•드가 아니라 1음절의 red로 발음한다면 그게 바로 원어민의 발음법이다. 이 정확한 음절을 가르치고 또 익히게 해주는 것이 바로 핑거사운드와 서클사운드다. 영알못 엄마 아빠도 이렇게 쉽게 원어민 발음법을 배울 수 있고, 어릴 때부터 우리 집 영어유치원에서 엄마 아빠 선생님에게 배우며 정확한 방법으로 발음하는 습관을 들인다면 아이는 원어민처럼 정확히 발음할 수 있다.

같이 노래를 부르고 동화책을 읽어주는 데 전문성은 필요하지 않다. 듣기 좋은 목소리가 아니어도 괜찮다. 엄마 아빠는 이미 우리 아이의 엄마 아빠라는 강점을 가졌다. 아이가 영어에 재미를 느끼고 익숙해지기 위해서는 전문성보다 엄마 아빠의 목소리와 얼굴, 표정이 더 필요하다.

우리 집 영어유치원에서는 아이가 일상에서 한국어로 구사할 줄 아는 1,000단어를 익히면 된다. 어렵게 생각할 필요 없이 아이와 함께 영어 동요 10곡을 반복해서 듣는 것으로도 충분하다. 어휘를 익힐 때는 한국어로 이미 아는 것을 영어로 해야 정확하고 확실하게 자기 것으로 만들 수 있기 때문이다. 영어 동요로 단어와 사운드를, 그리고 긴 호흡의 영어를 터득할 때도 마찬가지다. 엄마 아빠가 사운드 문제를 해결하고 먼저 영어를 즐길 것, 가사를 한글로 설명해주고 영어 동요 10곡을 율동과 함께 반복하며 영어 단어 100개를 익힐 것.

이렇게 공통적인 시작 방법을 알아보았으니, 다음은 아이들의 상태별로 어떻게 영어를 시작하고 바로잡아야 할지를 알아볼 차례다.

24. 영어 거부형 아이를 위한 영어유치원 환경은?

영어 때문에 비교당하며 상처받은 기억이 있는 아이는 영어를 밀어낸다. 영어를 동요로, 놀이로 시작한 게 아니라 무리한 학습으로 시작하는 것도 아이를 영어 거부형으로 만드는 선택이다. 영어 거부형 아이는 강요나 학습으로 영어를 진행하면 실패할 확률이 높다. 필요한 것은 영어 휴식기다. 아이가 영어를 거부한다면 우선 영어를 멈춰야 한다. 이미 영어를 거부하는 아이에게 억지로 영어를 공부시키면 좋아하고 잘하기는커녕 영어를 더 싫어하고 거부하게 된다. 피해야 할 것이 또 하나 있다. 영어 환경을 조성한다는 생각으로 아이가 다른 일을 할 때 일명 흘려 듣기를 하라며 영어를 틀어주는 것이다. 하지만 흘려 듣기는 영어에 익숙해지도록 환경을 조성하는 게 아니라 아이가 조금도 귀를 기울이지 않는 소음을 만드는 것에 불과하다. 또한 영어 집착형 엄마라면 함께 영어를 하더라도 영어를 싫어하고 두려워하는 엄마 아빠의 감정이 고스란히 아이에게 전해진다. 그러니 아이들의 문제가, 엄마 아빠의 문제가 해결되기 전까지는 영어를 중단하자.

집착을 버리고 아이의 영어를 중단하는 데 성공했다면, 이제 엄마 아빠가 영어를 즐기는 모습을 보여줘야 한다. 아이와 같은 공간에서 엄마 아빠가 신나게 영어 동요를 부르고 즐겁게 영어 동화책을 읽는 모습을 보여주며, 아이가 영어에 호기심을 갖도록 유도하는 것이다. 또 하나의 핵심은 바로 적절한 훈육인데, 여기서 말하는 훈육은 아이가 거부하고 회피해도 영어를 하게 하는 집착과는 다르다.

먼저 아이와 함께 시간을 정하자. 함께 의논해 정한 시간 동안 엄마 아빠는 한쪽에서 영어를 하고, 아이는 미리 약속한 자기 일을 하는 것이다. 아이가 무엇을 할지는 아이 스스로 결정하면 된다. 아이가 영어 하는 엄마 아빠를 방해하지 않고 지켜보고, 자기가 약속한 일을 하는 게 중요하다. 엄마 아빠를 방해하거나 약속을 지키지 않는다면 그때는 훈육이 필요하다. 아이가 영어를 싫어해도 억지로 앉히고 영어를 시키는 것이 아니라, "우리가 약속한 이 시간 동안에는 약속한 일을 해야 하며, 영어 공부는 나와 너의 미래를 위해 꼭 필요하다. 영어가 없이는 살아갈 수가 없다. 너도 초등학교 3학년이 되면 싫어도 영어를 해야 한다"라고 정확하고 진지하게 알려주는 것이다. 한글과 구구단을 터득하지 않으면 학교생활이 어렵고 학교 공부를 하지 않으면 세상을 살아가는 방법을 배울 수 없다는 것을 아이가 이해할 수 있도록 쉽게 설명해주어야 한다. 무조건 공부만 하고 공부만 잘하는 것이 아니라, '왜' 공부가 필요하고 '왜' 공부를 해야 하는지 그 목적과 방향성을 이해시키는 것이 중요하다. 핵심은 약속을 지키도록 훈육하는 것이다. 더불어 약속된 시간 동안 자리를 지키고 앉아 있는 것은 끈기와 집중력, 엉덩이 힘을 길러주기 때문에 아이의 미래를 대비하는 훌륭한 훈련이기도 하다. 아이가 앞으로 '싫어도 해야만 하는 일을 해내는 의지'를 기르는 것이다.

아이가 의젓하게 약속을 지킬 때 엄마 아빠도 영어를 즐기는 역할을 다해야 한다. 그리고 아이가 영어에 관심을 보이면 그때 같이 영어 동요를 부르거나 영어 동화책을 읽기 시작하자.

노래를 못하는 엄마 아빠도 아이와 곰 세 마리, 작은 별 같은 동요는 함께 부른다. 영어에 자신 없는 엄마 아빠도 동요를 활용하면 얼마든지 즐겁게 영어를 할 수 있고, 영어 동요를 부르는 즐거운 시간은 안정적인 영어 애착 관계를 만들어준다. 만약 아이가 영어 동요마저 거부한다면 동요의 가사와 관련된 영상을 보여주는 것도 좋다. 사소한 연결고리에서부터 아이의 호기심을 자극하고, 급하지 않게 차근히 영어 동요로, 영어로 이끌어주는 것이다.

25. 영어 회피형 아이를 위한 영어유치원 환경은?

영어 회피형 아이는 영어 때문에 혼난 경험이 많고, 다른 아이와 비교해서 자신이 열등하고 느끼는 경우가 많다. 똑같이 영어로 비교당하고 뒤처지고 안 좋은 경험으로 상처를 받더라도 내성적이고 낯가림이 심한 아이들은 거부형보다는 회피형이 될 확률이 높다. 영어에서 열등감을 느끼고 영어 자체를 두려워하고 피하고 싶어 한다. 특히 영어 포기형 엄빠 아래서 대비 없이 친구들과 함께 영어 하는 자리가 생긴다면, 아이는 혼자 뒤떨어졌다고 생각하는 것은 물론 난생처음 보는 영어에 두려움까지 느낀다. 이런 아이에게 중요한 것은 영어에서 자신감을 느끼게 해주는 것이다. 아이가 자신감을 가질 수 있도록 자주, 진지하게 칭찬해야 한다. 아이가 영어에서 어떤 작은 성과라도 얻으면 세상에서 가장 멋진 일을 해낸 것처럼 칭찬을 해주자. 단어 몇 개를 외워도 너무 잘했다, 정말 잘하는구나, 이렇게만 하면 되겠다 하며 진심 어린 칭찬을 해줘야 한다. 억지로 하거나 성의 없이 칭찬해서는 안 된다. 아이는 기민하게 알아차린다. 칭찬은 고래도 춤추게 하며, 아이에게 칭찬은 자존심을 회복하고 상처를 극복하게 해주는 양분이다.

또 다른 해결책은 이유를 만들어주는 것이다. 회피형 아이에게 <u>영어를 해야 하는 이유를 알려주며 아이 스스로 영어를 할 마음이 생기게 해야 한다</u>. 그러나 절대 영어를 해야만 한다고 압박해서는 안 된다. 무작정 네 미래를 위해 영어를 하라고 강요하는 대신, 아이가 스스로 영어의 필요성을 느끼고 주도적으로 영어를 공부하고 싶어지도록 이유를 주는 것이다.

가령 "네가 디즈니랜드에 가서 엘사나 소피아, 우디, 버즈와 만나 인사를 나누려면 영어가 필요하다" 하고 말해주는 것도 좋다. 아이가 꿈꾸는 공주님이나 영웅을 직접 만나기 위해서는 영어가 필요하다고 알려주면 아이는 영어를 공부할 이유를 얻고, 동기가 생기기 때문에 더 열정적이고 적극적으로 영어에 임한다. 이때 아이가 압박감을 느끼지 않도록 해주는 것도 중요하다. 거부형 아이를 위해 영어를 중단하고 영어에 간접적으로 익숙해지게 하는 것과 같다. 아이에게 "네가 영어가 싫다면 엄마 아빠가 열심히 해서 널 도와줄 테니 넌 보기만 해" 하고 말해주고, 영어의 필요성을 느낀 아이가 압박감 대신 호기심과 호감을 느끼도록 해주는 것이다. 더불어 영어가 어렵다고 느껴 회피하는 아이에게 영어가 생각만큼 어렵거나 힘들지 않고, 오히려 재미있는 즐길 거리

임을 알려줄 수 있다.

그러다 보면 억지로 영어를 시키지 않아도 아이가 먼저 스스로 나서서 영어를 하려고 든다. 엄마 아빠는 그때 아이와 함께 영어 동요를 부르고, 재밌는 동화를 읽어주면서 아이가 다시 영어를 두려워하고 피하지 않도록 도와주자. 다만 아이가 큰 흥미를 보인다고 해서 과할 정도로 아이와 영어를 하는 것은 추천하지는 않는다. 아이와 영어로 '밀당'을 해야 한다. 아이가 아쉬워할 만한 시점에서 끊고 내일을 기약해 아이의 기대감과 호기심을 더 자극하는 것이다. 적당한 시간과 양으로 영어를 해내되, 주기적으로 꾸준하게 하는 것이 중요하다. 아이가 아쉬워하더라도 오늘은 여기까지 하고 내일 또 이어서 하자고 조절해줄 필요가 있다.

우리 집을 즐거운 영어유치원으로!

26. 엄마 아빠가 즐거워야 우리 집도 즐거운 영어유치원이 된다!

아이의 마음을 움직이는 첫걸음은 엄마 아빠의 감정에서 시작된다. 아이의 정서적 안정은 엄마 아빠와의 애착 관계에서 시작되고, 아이의 영어 애착 관계는 엄마 아빠와 영어의 애착 관계에서 시작된다. 그 어떤 것보다 엄마 아빠가 먼저 영어를 즐기는 모습을 보여주는 게 아이의 영어 애착 관계에 효과적이다. 영어 거부형 아이에게도 회피형 아이에게도 엄마 아빠가 먼저 영어를 좋아하는 모습을 보여주는 게 도움이 된다. 우리 집 영어유치원에서는 얼마나 영어를 잘하고 정확한 발음을 구사하는가보다 엄마 아빠의 표정이 얼마나 밝고 즐거운지가 더 중요하다.

엄마 아빠는 아이에게 보여주는 표정의 즐거움을 책임져야 한다. 아이의 30년 영어 인생의 첫발에서 밝고 신나는 감정을 전해주자.

이미 영어를 즐기는 부모님에게는 두 번째 팁을 전하고 싶다. 바로 <u>영상 찍기</u>다. 엄마 아빠가 아이와 함께 영어 하는 모습을 촬영하고 모니터링하면서 아이를 대하는 표정과 목소리, 대화 방법을 확인하고 고쳐나가는 방법이다. 일상생활을 촬영해 엄마 아빠가 인식하지 못하는 아이를 향한 태도의 문제점과 그 원인을 짚어주고 해결책을 제시하는 〈금쪽같은 내 새끼〉를 떠올리면 이해할 수 있을 것이다. 엄마 아빠도 자기 모습을 확인해 어떻게 해야 아이에게 더 즐거운 모습을 보여줄 수 있을지 연구하면 더 즐거운 영어유치원을 만들 수 있다. 아이와 함께 영어 하는 모습을 찍어두는 것도 좋다. 아이의 반응을 자세히 관찰해 돌아볼 수도 있고, 아이가 성장했을 때 "네가 이렇게 영어를 즐겁게, 또 잘했었단다" 하며 영어에 대한 좋은 추억을 상기시키는 자료로 사용할 수도 있다.

엄마 아빠가 영어를 즐기지 못하는 원인은 영어에 자신이 없어서, 발음을 못해서다. 영어를 정확히 발음하는 원리만 깨치면 영알못 엄마 아빠도 영어를 자신 있게 즐길 수 있고, 즐거운 우리 집 영어유치원을 만들어 아이에게 정확한 발음을 가르칠 수도 있다. 모음을 기준으로 한 음절씩 구분하는 원리는 아이들에게는 아직 어려운 개념이다. 그러나 엄마 아빠가 핑거사운드와 서클사운드를 활용해 한 자씩 헤아리며 천천히 발음해준다면 아이들도 손쉽게 그 방식을 머릿속에 새기고 습관화할 수 있다. 특히 영어는 3음절 단어가 많은 한국어와 달리 4음절 단어도 흔하고, 5음절 단어도 종종 있기 때문에 손가락을 활용하는 핑거사운드가 좋다. 음절 하나하나마다 손가락을 꼽으며 말하고 가르치는 것이다. 손가락으로 소근육을 사용하면 아이의 집중도도 높아진다.

이렇게 엄마 아빠가 사운드의 문제를 해결하고 영어에 자신감을 가져 영어를 즐겁게 시작할 자세를 갖췄다면 우리 집을 즐거운 영어유치원으로 만들 준비가 끝난 것이다. 그렇다면 그 시작은 어떻게 해야 할까? 우리는 이미 답을 알고 있다. 바로 영어 동요다.

27. 영어유치원 시작은 동요!

익숙하지 않은 외국어인 영어 소리를 즐겁게 따라 할 수 있는 방법이 바로 영어 동요다. 낯선 영어를 익숙하고 즐겁게 따라 하며 반복할 수 있고, 멜로디와 함께 호흡이 긴 가사를 따라 부르며 말할 때의 긴 호흡과 문장력을 발달시킬 수 있다. 사실 영어 동요로 영어에 대한 거부감을 줄여야 하는 것은 엄마 아빠도 마찬가지다. 영어를 못하고 자신감 없는 부모님도 아이와 동요는 부를 수 있다. 한국어 동요를 부르는 것과 다르지 않다. '반짝반짝 작은 별'을 아이와 함께 불렀던 엄마 아빠라면 'Twinkle, Twinkle Little Star'도 얼마든지 부를 수 있다. 핑거사운드, 서클사운드를 활용하면 정확한 발음까지 익힐 수 있다.

특히 동요는 음정과 박자라는 틀 안에서 자연스럽게 단어의 음절 구분을 습득하는 데 도움이 된다. 'twinkle twinkle little star'를 그냥 읽으면 '트•윙•클 트•윙•클 리•틀 스•타' 하며 10음절로 읽는 사람도 노래로 부르면 '도도솔솔라라솔'의 박자에 맞춰 'twin•kle twin•kle li•t-tle star' 하며 7음절로 부르게 된다. 아이도 영어 동요를 부르며 박자에 맞춰 자연스럽게 정확한 음절을 익힐 수 있다. 영어 동요는 아이가 음악 없이도 술술 부를 수 있을 정도로 반복해야 한다. 반복이야말로 가장 효과적인 장기 기억 자극법이다. 그렇게 정확한 음절을 익힌 아이는 '스•타'가 아니라 'star'의 1음절로 단어를 말할 수 있다.

아이의 장기 기억과 흥미를 자극하기 위한 두 번째 방법은 동요 가사를 한국어로 잘 설명해주는 것이다. 아이가 가사의 의미를 이해하고 따라 하며 확실하게 기억할 수 있게 해주는 과정이다. 가사에 맞춰 엄마 아빠와 아이만의 율동을 만들어보는 것도 자연스럽게 그 단어를 터득하는 방법이다. 아이들이 율동을 좋아하기도 하고, 근육을 골고루 사용하는 동작이 성장에도 도움이 되니 일석이조다.

낯선 외국어 소리에 아이가 거부감이나 두려움을 느끼지 않도록 즐겁고 쉽게 할 수 있는 동요를 활용하는 것이 핵심이다. 음정을 정확히 맞추며 가수처럼 잘 부를 필요는 없다. 아이에게 필요한 것은 가수의 노래가 아니라 엄마 아빠의 즐거운 목소리다. 엄마 아빠는 이미 훌륭한 한국어, 한글, 수학 선생님이다. 아이들에게 말을 가르치고 ㄱ, ㄴ을 가르쳤고, 숫자와 구구단도 가르친다. 그러니 영어 역시 원리만 터득한다면 얼마든지 훌륭한 선생님이 될 수 있다.

28. 영어유치원 단어는 100단어!

아이가 한국어 단어 100개만 터득하면 엄마 아빠와 대화할 수 있다. 영어 역시 100단어 정도면 간단한 회화가 가능하고, 영알못 엄마 아빠도 영어 동요와 동화로 즐겁게 100단어를 익힐 수 있다. 완벽한 문장을 구사하지는 못하더라도 간단한 대화는 얼마든지 할 수 있다. 중요한 것은 아이들이 이미 한국어로 알고 있는 단어를 영어로 전환한다고 생각해야지, 절대 한국어로도 모르는 말을 영어로 주입하려 해서는 안 된다는 점이다. 아이가 일상적으로 사용하는 기본 단어를 영어로 알려줘야 암기가 아니라 이해를 하고 습득한다. 미국이 무엇인지도 모르는 아이에게 'America'부터 가르치는 것은 의미가 없다. 사과를 예로 들자면

"한국어로는 '사과'라고 말하지만, 영어 나라에서는 'apple'이라고 부른다"라고 알려주는 것이다.

여기서 '영어 나라'라는 말도 중요한 의미가 있는데, 영어라는 언어는 아이가 이해하기 어려운 개념이고, 세상에 영어를 사용하는 나라가 미국이나 영국뿐인 것도 아니다. 그러니 '영어 나라'라는 말을 사용해 아이의 이해를 돕는 게 좋다. 한국에서는 한국말을 쓰지만 영어 나라에서는 영어를 써야 한다고 알려주는 것이다. 그렇게 한국어로 아는 단어를 영어 나라의 말로도 쓸 수 있게 되면서 아는 단어가 하나둘 늘수록 아이는 만족감을 느낀다. 반면 아이가 한국어로도 모르는 단어는 아무리 영어로 외운들 정확히 이해할 수 없다. 구슬이 서 말이어도 꿰어야 보배라고, 아무리 많은 단어를 알더라도 이를 제대로 꿰어 활용해내지 못하면 아무 의미가 없다. 대충 아는 많은 단어보다, 사운드와 그 의미를 정확히 알고 일상생활에서 잘 활용할 수 있는 100단어가 영어를 잘하는 데 훨씬 의미 있고 효과적이다.

같은 이유로 영어 원서를 읽히면서 모르는 단어의 뜻은 해석해주지 않는 방법도 무의미하다. 이는 새로 익힐 단어를 설명해주는 대신 스스로 그 개념을 유추하게 하는 방법인데, 영어가 모국어인 아이들에게나 효과 있는 리딩 학습법이다. 우리 집 영어유치원에서는 아이가 한국어로 모르는 단어는 영어로도 할 필요가 없고, 한국어로 이미 아는 단어라면 굳이 그 개념을 새롭게 유추할 필요가 없다. "apple은 사과야" 한 마디면 될 것을 "붉고 둥글고 아삭하고 새콤달콤하고 나무에서 열리는 것이 apple이야" 하고 개념부터 알려줄 필요는 없는 것이다.

그렇다면 정확히 어떤 단어를 익혀야 할까? 아이가 한국어로 말을 배울 때를 떠올려보면 쉽다. 엄마, 아빠와 같은 가족 단어부터 멍멍, 야옹야옹 같은 동물 소리도 있다. 아이가 일상에서도 자주 사용하는 <u>가족, 신체, 색깔, 새끼 동물, 동물 소리, 동물, 그리고 과일과 채소, 감정과 날씨의 10개 영역을 추천한다.</u> 아이가 일상생활에서 자주 사용하는 영역에서 이미 아는 단어를 익히고 수시로 활용할 수 있다면 아이의 흥미와 열정을 자극하는 것은 물론, 장기적인 기억력 발달에도 도움이 된다.

29. 영어유치원 환경은 디즈니 애니메이션!

영어 동요도 단어도 성공적으로 해냈다면 이번에는 아이들에게 영어 환경을 만들어줄 차례다. 언제 어디서든 영어 소리를 들을 수 있게 영어 소리를 틀어주는 것이 아니라, 영어를 사용하는 환경 즉 영어 문화권에 대한 이해를 높이는 것이다. <u>아이의 흥미와 재미를 해치지 않고 영어 환경을 만들어줄 수 있는 최고의 방법은 바로 디즈니 애니메이션</u>

이다.

디즈니 애니메이션을 보여주는 목적은 아이가 영어 환경에 익숙해지는 것이기 때문에 영어 소리를 들려주는 데는 너무 신경 쓸 필요 없다. 아이가 엘사, 안나, 소피아, 버즈나 우디 같은 영어 이름에 익숙해지고, 영어에는 어떤 문화가 담겨 있는지를 이해할 수 있으면 된다. 가령 〈신데렐라〉나 〈잠자는 숲속의 공주〉를 보면 아이들은 어린아이들을 돕는 신비한 '요정 대모'의 존재를 이해할 수 있으며, 애니메이션을 꼭 영어 더빙으로 보지 않아도 얼마든지 알 수 있는 내용이다. 한국어 자막이 있어도 되고, 아이가 영어로 보는 것을 싫어한다면 한국어 더빙으로 봐도 좋다. 아이를 살피지 않고 영어로 보기를 강요하면 영어에 대한 거부감만 심어줄 뿐이다. 같은 이유에서 아이가 흥미를 느끼고 집중해서 애니메이션을 볼 수 있도록 아이가 좋아하는 것을 고르는 게 중요하다.

핵심은 엄마 아빠와 함께 애니메이션을 보는 것이다. 아이 혼자 애니메이션을 보게 하고 엄마 아빠는 다른 일하는 것은 영어유치원 환경이 아닌 방치다. 아이와 함께 애니메이션을 보고 토론하고, 애니메이션을 보며 아이가 어느 장면에서 눈을 반짝이는지, 무엇을 좋아하고 어디서 재미있어하는지 알아보는 것이다. 또, 아이가 공감할 만한 상황이 나오면 아이에게도 비슷한 일이 있었는지, 그때 어떤 마음이었는지를 물어보자. 아이의 이야기를 듣고 공감해주거나 도움을 줄 수도 있을 것이다. 영어 습관을 들이는 것을 넘어 아이와 소통하고, 더 단단하고 안정적인 애착 관계를 만드는 것이다.

아이가 초등학생이 되어도 디즈니는 효과적인 영어 교재다. 이때는 애니메이션보다 실제 배우들이 촬영한 영화가 좋다. 디즈니의 가족용 홈 무비는 아이가 폭력적이거나 자극적인 장면에 노출될 걱정 없이 흥미롭게 영어를 접하고 눈높이에 맞는 교훈까지 얻을 수 있다.

디즈니의 장점은 여기서 끝나지 않는다. 자연스럽게 영어 글자로 연결할 수 있기 때문이다. 동요와 단어에 이어 디즈니 애니메이션으로 영어 환경까지 완성했다면 다음은 글자를 익힐 차례인데, 이때 디즈니의 장점이 극대화된다. 영어 글자에 익숙해지려면 영어 동화책을 활용하는 게 가장 좋다. 그리고 디즈니는 애니메이션 작품을 그대로 동화책으로 읽을 수 있다. 아이가 이미 아는 영어 이름과 단어, 내용을 그대로 활용해 영어 글자에 자연스럽고 재미있게 다가갈 수 있는 것이다. 영어 환경을 만들 때 함께 보고 익혔던 디즈니 애니메이션 속 영어 이름과 내용을 고스란히 글자로 바꾸어 시작한다면 아이도 거부감 없이 영어 글자를 시작할 수 있다.

30. 영어유치원 동화책은 디즈니 동화책!

〈겨울왕국〉, 〈코코〉, 〈인사이드 아웃〉과 같은 애니메이션은 디즈니가 여러 전문가를 모아 정성과 노력을 기울여 만든 작품이다. 아이들이 좋아하는 것을 넘어 아이들에게 교훈을 주는 의미 있는 작품들이다. 디즈니 애니메이션은 아이에게 즐거운 시간을 선사하는 것은 물론 교육 자료로도 충분히 가치 있다. 그리고 이런 애니메이션을 토대로 만든 동화책 시리즈가 바로 디즈니의 〈Fun to read〉다. 글밥도 적고, 엄마 아빠도 이미 아는 내용이기 때문에 다른 영어 동화보다 쉽게 내용을 전달할 수 있다. 아이와 함께 디즈니 애니메이션까지 봤다면 더 쉽고 재밌게 읽힐 것이다.

디즈니와 동화책의 결합은 영어와 글자의 결합과 같다. 디즈니 동화책으로 아이는 더 즐겁게 알파벳을 터득할 수 있다. 이미 익숙한 애니메이션의 주인공 이름과 내용을 동화책으로 다시 보며 글자 읽기를 연습하는 것이다. 영화 속에 출연한 인물과 동물 그리고 사물의 영어 단어를 디즈니 동화책으로 터득할 수 있다. 다만 계속 강조했듯 영어는 아이가 이미 한국어로 할 수 있는 것을 영어로 전환하며 익혀야하고, 한국어로도 못 하는 것을 영어로 먼저 주입하는 것은 금물이다. 소리든 글자든 영어는 아이에게 낯설기만 한 외국어다. 그래서 동요와 율동처럼 아이에게 이미 익숙한 방법을 활용하는 것이다. 알파벳도 마찬가지인데, 다행히 우리는 미리 디즈니 애니메이션으로 영어 환경을 만들었기 때문에 알파벳에 활용할 익숙함을 갖췄다. 어렵게 글자를 공부하는 대신 아는 내용, 익숙한 영어 이름을 다시 보는 것이니 거부감이나 두려움 없이 글자를 배울 수 있다. 영어 동요로 100단어를 익혔다면 디즈니 동화책으로는 1,000단어도 거뜬하다.

디즈니의 〈Fun to Read〉 시리즈는 K, 1, 2, 3의 네 단계로 체계적으로 구성되어 있다. K에서 1, 2, 3 순서로 글밥이 늘고 조금씩 어려워진다. 여러 인물의 영어 이름과 동물 단어 그리고 다양한 형용사까지 나오기 때문에 풍부한 어휘를 익힐 수 있다. 아이가 좋아하는 디즈니 동화책 10권이면 영어 단어 1,000개도 얼마든지 익힐 수 있다. 이에 더해 동화책 뒤에 있는 단어 리스트와 Q&A로 중학교 독해 수업을 대비할 감도 키울 수 있다.

엄마 아빠가 영어를 즐기며 아이에게도 영어의 즐거움을 전수해주고, 동요와 동화책으로 즐겁게 발음과 어휘를 익힌 다음, 디즈니의 Fun to Read 시리즈를 level 4까지 모두 해낸다면 아이는 중학교 독해도 문제없을 영어 실력자가 될 것이다.

PART 2

원어민
발음 만들기
워크북

QR코드를 찍으면 영상 강의로 연결!

Part 2는 즐거운 우리 집 영어유치원의 핵심인 원어민 발음을

엄마 아빠와 아이들이 함께 터득하는 과정이다. 영어 발음에

자신 없는 부모님도 쉽게 터득할 수 있도록

영상 강의로 진행한다.

Chapter 1

엄마 아빠, 그리고
우리 아이 원어민 발음 만들기

한국사람들이 영어를 정확히 발음하기 어려운 이유는 음절 때문이다. 글자 수와 발음

수가 일치하는 한국어의 기준으로 영어를 나누어 발음하면 콩글리시가 되고, 정확한

발음으로 말할 수 없다. 한 음절이 한 글자씩 나누어져 있는 한국어와 다르게 영어는

통단어로, 단어만 봐서는 음절을 구분할 수 없다.이런 영어를 정확한 음절로 구분하

는 원리가 한 글자 파닉스다. 그리고 한 글자 파닉스의 구체적인 방법이 바로 립사운

드, 핑거사운드, 서클사운드다.

Chapter 1에서는 원어민 발음을 위한 파닉스 원리를 더 깊게 이해하고, Chapter 2

와 3에서 직접 적용해볼 수 있다. 립사운드로 정확한 발음법을 알아보고, 핑거사운드

로 음절 구분을 위한 감을 익히고, 서클사운드와 일반사운드로 직접 실습까지 하는 것

이다. 영알못 엄마 아빠는 훌륭한 영어유치원 선생님이 되고, 아이들은 우리 집 영어

유치원에서 원어민 발음을 익힌다.

음절의 비밀

1. 원어민 발음 만들기 원리는 음절!

'영포자' 엄마 아빠도 영어를 정확히 발음하는 방법을 터득할 수 있을까? 당연히 가능하다. 바로 세종대왕의 한글 음절 원리 덕분이다. 한글은 단어를 한 글자씩 나누어 표기하는데, 그 한 글자가 바로 한 음절이다. 단어에 이미 음절 구분이 되어 있어 쉽게 읽고 정확히 발음할 수 있다. 반면 영어 단어는 음절이 구분되어 있지 않은 통단어다. 단어만보고 음절을 구분하는 데 익숙한 한국인들은 음절 구분이 없는 영어 통단어를 어려워한다.

아래의 표를 보고 음절을 구분하며 정확한 발음으로 읽어보자. '영어'는 두 글자고, 2음절이다. 'English'는 몇 글자와 몇 음절일까? E, n, g, l, i, s, h의 7글자인 것은 쉽게 알 수 있지만 몇 음절인지는 구분하기 어렵다.

한글 음절 표기		영어 통단어	
영어	2 음절	English	?음절
발음	2 음절	pronunciation	?음절
유치원	3 음절	kindergarten	?음절

2. 한글 음절 원리를 적용하면?

위에서 보았듯 영어 통단어는 한국어와 달리 단어만 보고 음절을 구분하기가 어렵다. 그렇다면 통으로 붙어있는 영어 단어를 한글처럼 음절을 구분해 표기하면 어떨까?

한글 음절 원리는 '네모 칸'이 핵심이다. 한글 'ㄱ(기역)'과 'ㅏ(아)'는 따로 보면 자음 하나, 모음 하나의 두 개 글자지만 합치면 '가'라는 한 글자이자 한 음절이 된다. 하지만 영어는 'a', 'n', 't'의 세 개 글자가 모여 'ant'가 되어도 통으로 이어져 음절을 구분하기 어렵다. 어릴 때 사용했던 영어공책과 국어공책을 떠올려보자. 우리는 영어 알파벳을 배울 때

칸이 아닌 4선지에 맞춰 이어 쓰며 배우고, 한글은 네모 간에 맞춰 한 글자씩 쓰며 배운다. 단어를 이어서 써도 한 글자씩, 한 음절씩 구분해 읽을 수 있다. 영어는 단어를 이어 쓰면 단어끼리, 알파벳끼리는 구분할 수 있어도 음절을 구분해내기는 어렵다.

이제 국어 공책의 음절 원리인 사각형으로 영어 통단어를 표시해보자.

국어 공책 음절 사각형	영어 통단어	영어 음절 표기	영어 음절 사각형 표기
영 어	English	Eng · lish	Eng · lish
발 음	pronunciation	pro · nun · ci · a · tion	pro · nun · ci · a · tion
유 치 원	kindergarten	kin · der · gar · ten	kin · der · gar · ten

이제 대한민국 성인들이 10년, 20년씩 영어 공부를 해도 발음이 어렵고 스피킹이 어려웠던 이유가 밝혀졌다. 바로 음절이 틀렸기 때문이다. 영어를 말하는 데 음절이 그렇게 중요할까? 영어뿐만이 아니다. 사실 한국어도 그렇다. 외국인이 한국어를 말할 때도 음절이 틀리면 한국인들과 의사소통하기가 어렵다. 아래 표의 단어를 살펴보자.

외국인의 틀린 한국어 음절		한국인의 올바른 한국어 음절	
무 르	2음절	물	1음절
기 므 치	3음절	김 치	2음절
다 르 그 바 르	5음절	닭 발	2음절

반대로 원어민이 한국인의 영어 발음을 알아듣기 어려워하는 것도 한국인이 단어의 음절을 틀리게 발음해서다. 아래 표를 살펴보며 표시된 음절에 맞춰 발음해보자.

한국인의 틀린 영어 음절		원어민의 올바른 영어 음절	
밀 크	2음절	milk	1음절
슈 츠	2음절	suit	1음절
오 렌 지	3음절	o · range	2음절
그 레 이 프 프 룻	6음절	grape · fruit	2음절

10년, 20년 동안 열심히 영어를 공부한 한국인들의 밀크, 오렌지를 원어민이 알아듣지 못한 이유는 바로 음절이 틀렸기 때문이다. 박자를 맞추지 못하면 노래를 못하는 박치가 되는 것처럼, 단어의 음절을 틀리

면 발음과 스피킹을 못하는 영포자가 되어버리는 것이다.

그리고 전문가의 지도로 음치, 박치를 해결할 수 있듯 원리만 안다면 영알못 엄마 아빠도 영어를 정확하게 발음할 수 있다. 음절만 정확히 구분해도 원어민 발음 성공이다.

발음 파닉스

1. 엄마 아빠 원어민 발음 만들기

원어민 발음을 위한 스피킹, 리딩 원리는 립사운드와 핑거사운드, 서클사운드로, 엄마 아빠가 아이들에게 한국어 말소리와 글 소리를 가르치는 과정과 비슷하다.

Step 1	음절사운드	단어에 음절을 표기한 영어 단어를 읽는 연습을 한다.
Step 2	립사운드	단어 음절의 입술 모양을 연습한다.
Step 3	핑거사운드	단어 음절의 숫자를 손가락으로 연습한다.
Step 4	서클사운드	음절 단어에 동그라미 그리기를 연습한다.
Step 5	일반사운드	일반 단어에 음절 동그라미 그리기를 연습한다.

우리 아이에게 원어민 발음을 가르쳐주고 싶은 엄마 아빠라면 이 책의 워크북 과정을 열심히 따라 해보자.

엄마 아빠가 한국어 말소리와 글 소리를 터득해야 아이를 가르칠 수 있듯이, 엄마 아빠가 워크북 5 Step을 반복하며 영어 말소리와 글 소리를 터득해야 아이에게 영어 발음을 가르칠 수 있다.

2. 우리 아이 원어민 발음 만들기

워크북 5 Step을 충분히 연습했다면 아이의 나이와 실력에 맞춰 아이와 함께 연습해보자.

레벨 (나이)	'즐거운 우리 집 영어유치원' 학습법	
1단계 (0-3세) 단어 말소리	립사운드	
2단계 (3-6세) 단어 말소리	핑거사운드	
3단계 (6-8세) 알파벳 글 소리	서클사운드	
4단계 (7-9세) 단어 글 소리	일반사운드	

Chapter 2

동요 파닉스

익숙한 영어 동요 속에는 파닉스 원리가 숨어 있다. '알파벳 송', '반짝반짝 작은 별' 등 익숙한 영어 동요를 부르며 발음 파닉스 원리를 자연스럽게 익힐 수 있다. 즐겁게 노래하기만 하면 자음과 모음을 구분해 알파벳 파닉스를 익히는 것은 물론, 음절 구분법까지 머릿속에 남는다. 아이들이 좋아하는 동요 10곡이면 10가지 파닉스 원리를 배울 수 있다. 혀 모양과 입술 모양으로 한국에는 없는 F, V, Th 같은 발음, 자음이 둘 이상 반복되는 복합 자음의 더 정확한 발음법도 배워보자.

파닉스란?

Phonics: pho (소리) + nics (글자)

-파닉스는 말소리를 글 소리에 맞춰 읽고 쓰는 법을 배우는 과정으로, 한국어 말소리에 맞춰 한글 글 소리를 읽고 쓰는 법을 배우는 과정과 동일하다.

파닉스 음가(소릿값)

-글자의 소릿값을 의미한다. 알파벳 26글자의 자음과 모음의 최소 소릿값이다.

The alphabet song
& 파닉스 음가(소릿값)

'알파벳 송'을 부르며 알파벳 파닉스의 음가를 익혀보자. 유튜브의 〈Super Simple Songs〉를 참고하면 좋다.

The alphabet song

a b c d e f g

h i j k l m n o p

q r s t u v

w x y and z

Now I know my abc's

Next time won't you sing with me

가사 의미

알파벳 노래
a b c d e f g
h i j k l m n o p
q r s t u v
w x y and z
이제 나는 알아요 나의 abc를
다음에는 나랑 같이 노래 부르지 않을래요?

Step 1: 음절사운드

▶동요 가사 음절사운드 읽기

일반사운드에서는 음절이 보이지 않는다. 한국어 사각 음절에 맞춰 음절을 표시한 '음절사운드'로 가사를 읽고 연습해보자.

일반사운드	음절사운드
The alphabet Song a b c d e f g h i k l m n o p q r s t u v w x y and z Now I know my a b c's Next time won't you sing with me	The │ al · pha · bet │ song a │ b │ c │ d │ e │ f │ g h │ i │ j │ k │ l │ m │ n │ o │ p q │ r │ s │ t │ u │ v w (dou · ble │ u) │ x │ y │ and │ z Now │ I │ know │ my │ a │ b │ c's Next │ time │ won't │ you │ sing │ with │ me

★ 자음은 파란색, 모음은 분홍색! 네모 한 칸이 한 음절!

Step 2: 립사운드

▶입술 모양 따라 하기

QR코드 영상 강의로 정확한 입술 모양을 확인하고, 거울을 보면서 연습해보자.

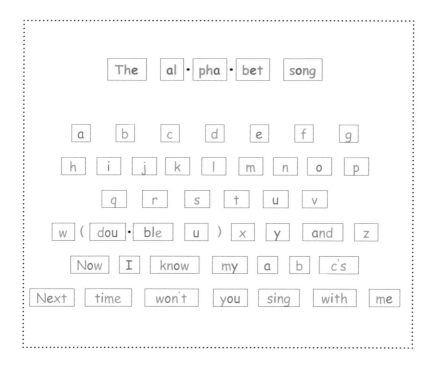

음가와 음절은 다른 개념이다. 아래 표와 QR코드 영상 강의에서 그 차이를 알아보자.

자음 f, l, r, v	자음 파닉스 음가	ㅍ, ㄹ, ㄹ, ㅂ
	자음 알파벳 음절	에프, 엘, 알, 뷔
모음 a, e, i, o, u	모음 파닉스 음가	아, 에, 이, 오, 우
	모음 알파벳 음절	에이, 이, 아이, 오, 유, 와이

▶모음 음절 원리

통단어에서 음절을 구분하는 기준은 모음이다. 이중모음 등의 예외가 있지만, 기본적으로 하나의 모음이 하나의 음절을 구분해준다. 그리고 단어 끝에 오는 'e'는 묵음이다. 두 가지 원리를 기억하며 펑거사운드, 서클사운드와 일반사운드를 계속 배워보자.

① 음절의 기준은 모음: a , e , i , o , u , y
② 단어 끝 e는 묵음: time

Step 3: 핑거사운드

▶손가락 숫자 따라 하기

손가락으로 하나, 둘 숫자를 세며 단어의 음절을 구분하는 방법이다.

QR코드 영상 강의를 참고해 손가락 숫자를 세며 발음해보자.

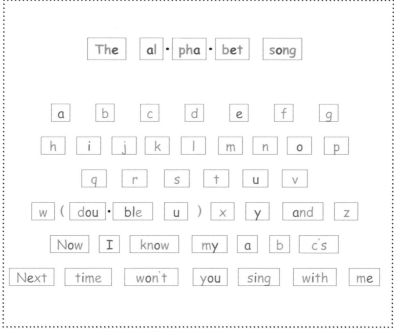

★ 음절의 기준은 모음(a · e · i · o · u · y)이고, 단어 끝 e는 묵음!

▶한국인이 자주 틀리는 영어 음절

영어 자음 음절 -콩글리시 음절	영어 모음 음절 -콩글리시 음절	영어 단어 음절 -콩글리시 음절
f - 에 프		
h - 에 이 취		
j - 제 이	a - 에 이	sound - 사 운 드
k - 케 이	i - 아 이	my - 마 이
s - 에 스	y - 와 이	now - 나 우
x - 엑 스		next - 넥 스 트
z - 제 트		

Step 4: 서클사운드

▶음절에 동그라미 그리기

단어의 음절에 맞춰 동그라미를 그리며 음절을 구분해보자.

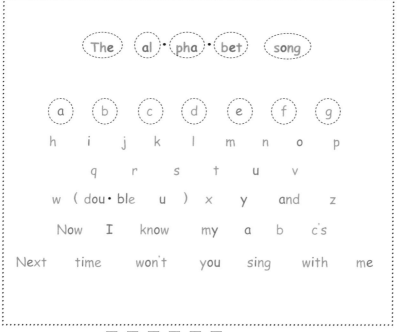

★ 음절의 기준은 모음(a · e · i · o · u · y)이고, 단어 끝 e는 묵음!

Step 5: 일반사운드

▶단어를 보고 음절에 직접 동그라미 그리기

아무 표시도 없는 단어를 보고 직접 음절을 구분해 동그라미를 그리고 소리 내 읽어보자.

The   alphabet   song

a   b   c   d   e   f   g

h   i   j   k   l   m   n   o   p

q   r   s   t   u   v

w (double u) x   y   and   z

Now   I   know   my   a   b   c's

Next   time   won't   you   sing   with   me

★ 음절이 기준은 모음(a · e · i · o · u · y)이고, 단어 끝 e는 묵음!

Unit 2
Old MacDonald had a farm
& 파닉스 Short 모음

'맥도널드 할아버지에게는 농장이 있었어요'를 부르며 Short 모음을 배워보자. 유투브 〈Little Treehouse Nursery Rhymes and Kids Songs〉를 참고하면 좋다.

Old MacDonald had a farm

Old MacDonald had a farm

e i e i o

And on his farm

he had some chicks

e i e i o

With a chick chick here

and a chick chick there

Here a chick there a chick

Everywhere a chick chick

Old MacDonald had a farm

e i e i o

가사 의미

맥도널드 할아버지에게는 농장이 있었어요

맥도널드 할아버지에게는 농장이 있었어요
이 아이 이 아이 오
그의 동장에는
병아리 몇 마리가 있었지요
이 아이 이 아이 오
여기서 삐악삐악
저기서 삐악삐악
여기서 삐악 저기서 삐악
모든 곳에서 삐악삐악
맥도널드 할아버지에게는 농장이 있었어요
이 아이 이 아이 오

Step 1: 음절사운드

▶동요 가사 음절사운드 읽기

한국어 사각 음절에 맞춰 음절을 표시한 '음절사운드'로 가사를 읽고 연습해보자.

일반사운드	음절사운드
Old MacDonald had a farm	Old Mac · Do · nald had a farm
Old MacDonald had a farm e i e i o And on his farm he had some chicks e i e i o With a chick chick here and a chick chick there Here a chick there a chick Everywhere a chick chick Old MacDonald had a farm e i e i o	Old Mac · Do · nald had a farm e i e i o And on his farm he had some chicks e i e i o With a chick chick here and a chick chick there Here a chick there a chick Eve · ry · where a chick chick Old Mac · Do · nald had a farm e i e i o

★ 모음은 분홍색! 네모 한 칸이 한 음절!

Step 2: 립사운드

▶입술 모양 따라 하기

QR코드 영상 강의에서 정확한 입술 모양을 확인하고, 거울을 보면서 연습해보자.

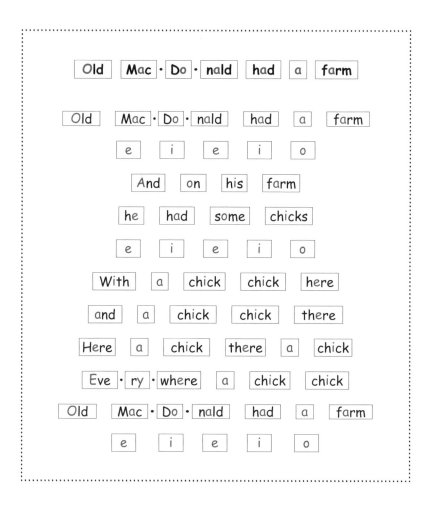

▶파닉스 원리: short 모음

short 모음: 짧은 모음 한 개

short 모음	a	e	i	o	u
음절	아	에	이	오	우
단어	farm	egg	his	or	put
	농장	계란	그의	또는	놓다

Step 3: 핑거사운드

▶손가락 숫자 따라 하기

QR코드 영상 강의를 참고해 손가락 숫자를 세며 발음해보자.

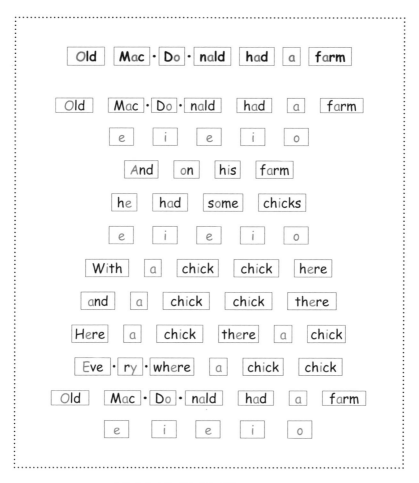

★ 음절의 기준은 모음(a · e · i · o · u · y)이고, 단어 끝 e는 묵음!

▶한국인이 자주 틀리는 영어 음절

영어 단어 음절	콩글리시 음절
old	올 드
Mac · Do · nald	맥 도 널 드
had	해 드
with	위 드
here	히 어
there	데 어

Step 4: 서클사운드

▶ 음절에 동그라미 그리기

단어의 음절에 맞춰 동그라미를 그리며 음절을 구분해보자.

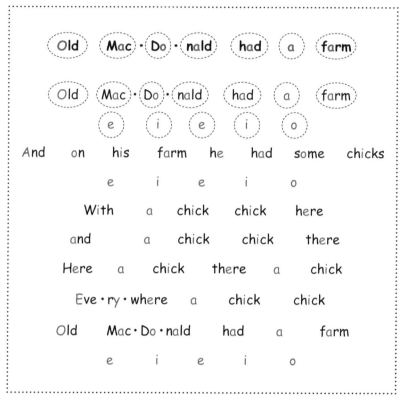

★ 음절의 기준은 모음(a · e · i · o · u · y)이고 단어 끝 e는 묵음!

Step 5: 일반사운드

▶단어를 보고 음절에 직접 동그라미 그리기

아무 표시도 없는 단어를 보고 직접 음절을 구분해 동그라미를 그리고 소리 내 읽어보자.

Old   MacDonald   had   a   farm

Old   MacDonald   had   a   farm
    e   i   e   i   o
And   on   his   farm   he   had   some   chicks
    e   i   e   i   o
With   a   chick   chick   here
and   a   chick   chick   there
Here   a   chick   there   a   chick
Everywhere   a   chick   chick
Old   MacDonald   had   a   farm
    e   i   e   i   o

★ 음절의 기준은 모음(a · e · i · o · u · y)이고 단어 끝 e는 묵음!

Unit 3
Rain rain go away
& 파닉스 Long 모음

'비야 비야 저리 가!'를 부르며 Long 모음을 배워보자. 유튜브 〈Super Simple Songs〉를 참고하면 좋다. QR코드 영상 강의를 보며 2절부터 6절까지도 배워 보자.

Rain rain go away

Rain rain go away
Come again another day
Daddy wants to play
Rain rain go away

가사 의미

비야 비야 저리 가

비야 비야 저리 가

다른 날에 다시 오렴

아빠는 놀고 싶어

비야 비야 저리 가

Step 1: 음절사운드

▶동요 가사 음절사운드 읽기

한국어 사각 음절에 맞춰 음절을 표시한 '음절사운드'로 가사를 읽고 연습해보자.

일반사운드	음절사운드
Rain rain go away	Rain rain go a · way
Rain rain go away Come again another day Daddy wants to play Rain rain go away	Rain rain go a · way Come a · gain an · o · ther day Da · ddy wants to play Rain rain go a · way

★ 모음은 분홍색! 네모 한 칸이 한 음절!

▶가사 바꿔 부르기

밑줄 친 'Daddy'를 다음 단어로 바꾸어 불러보자.

mo · mmy	bro · ther	sis · ter	ba · by	all the fa · mi · ly
엄마	오빠, 형, 남동생	언니, 누나, 여동생	아기	가족 모두

Step 2: 립사운드

▶입술 모양 따라 하기

QR코드 영상 강의에서 정확한 입술 모양을 확인하고, 거울을 보면서 연습해보자.

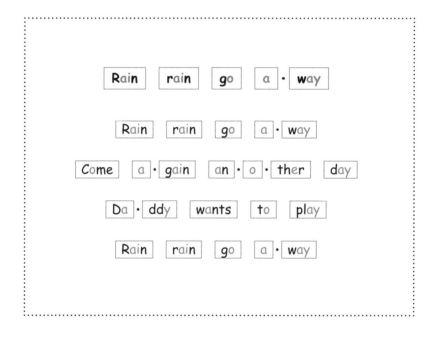

▶파닉스 원리: long 모음

long 모음은 한국어의 '나, ᅴ' 같은 이중모음과 유사하다. 하나의 음절이지만 둘 이상의 소리가 있어 2음절로 발음하는 경우가 많은데, short 모음과 마찬가지로 1음절로 발음해야 한다. 네모 한 칸이 1음절임을 떠올리면서 long 모음의 개념을 이해해보자.

long 모음	ey	ai	oy	o	ou	ou
콩글리시 모음 음절	아 이	에 이	오 이	오 우	아 우	유 우
올바른 음절	아이	에이	오이	오우	아우	유우
단어	eye	rain	boy	go	house	you
	눈	비	소년	가다	집	너, 당신
콩글리시 단어 음절	아 이	레 인	보 이	고	하 우 스	유

★ long 모음: 긴 모음 두 개, 이중모음

Step 3: 핑거사운드

▶손가락 숫자 따라 하기

QR코드 영상 강의를 참고해 손가락 숫자를 세며 발음해보자.

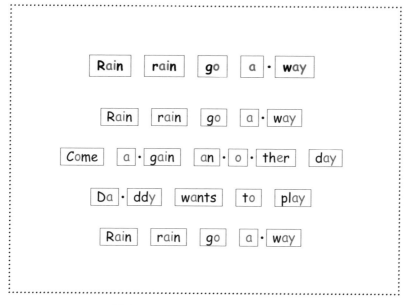

★ 음절의 기준은 모음(a · e · i · o · u · y)이고, 단어 끝 e는 묵음!

▶한국인이 자주 틀리는 영어 음절

영어 단어 음절	콩글리시 음절
rain	레 인
a • way	어 웨 이
a • gain	어 게 인
day	데 이
play	플 레 이

Step 4: 서클사운드

▶음절에 동그라미 그리기

단어의 음절에 맞춰 동그라미를 그리며 음절을 구분해보자.

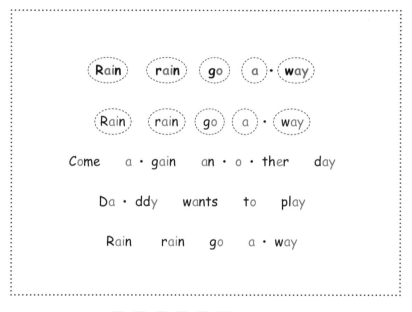

★ 음절의 기준은 모음(a · e · i · o · u · y)이고, 단어 끝 e는 묵음!

Step 5: 일반사운드

▶단어를 보고 음절에 직접 동그라미 그리기

아무 표시도 없는 단어를 보고 직접 음절을 구분해 동그라미를 그리고 소리 내 읽어보자.

Rain   rain   go   away

Rain   rain   go   away

Come   again   another   day

Daddy   wants   to   play

Rain   rain   go   away

★ 음절의 기준은 모음(a · e · i · o · u · y)이고, 단어 끝 e는 묵음!

Unit 4
The finger family
& 파닉스 강약 리듬, 연음 억양

'손가락 가족'을 부르며 영어의 강약 리듬과 억양을 익혀보자. 유튜브의 〈Kids Academy〉를 참고하면 좋다.

The finger family

Daddy finger, daddy finger
Where are you?
Here I am, here I am
How do you do?

가사 의미

손가락 가족

아빠 손가락, 아빠 손가락

어디 있나요?

여기 있어요, 여기 있어요

만나서 반가워요

Step 1: 음절사운드

▶동요 가사 음절사운드 읽기

한국어 사각 음절에 맞춰 음절을 표시한 '음절사운드'로 가사를 읽고 연습해보자. 이번 유닛에서는 읽을 때 강세를 주는 '악센트 모음 á, é, í, ó, ú, ý'에만 분홍색으로 표시했다.

일반사운드	음절사운드
The finger family	The │ fín · ger │ fá · mi · ly │
Daddy finger, daddy finger	Dá · ddy │ fín · ger │, dá · ddy │ fín · ger │
Where are you?	Where │ are │ you │?
Here I am, here I am	Here │ I │ am │, here │ I │ am │
How do you do?	How │ do │ you │ do │?

★ 분홍색 모음(á, é, í, ó, ú, ý)은 악센트 모음! 네모 한 칸이 한 음절!

▶가사 바꿔 부르기

표시한 'Daddy'와 '아빠'를 다음 단어로 바꾸어 불러보자.

mó · ther	bró · ther	sís · ter	bá · by
엄마	오빠, 형, 남동생	언니, 누나, 여동생	아기

Step 2: 립사운드

▶입술 모양 따라 하기

QR코드 영상 강의에서 정확한 입술 모양을 확인하고, 거울을 보면서 연습해보자.

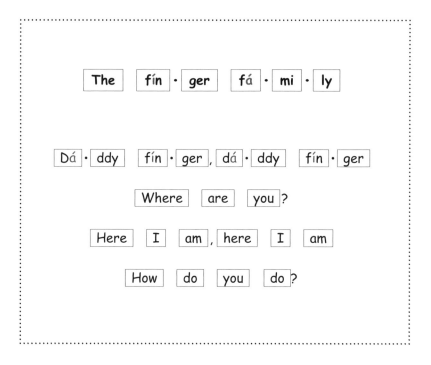

The fín · ger fá · mi · ly

Dá · ddy fín · ger, dá · ddy fín · ger

Where are you?

Here I am, here I am

How do you do?

▶파닉스 원리: 강약 리듬, 연음 억양

  2음절 이상 단어에는 악센트가 있으며, 악센트는 모음에만 있다. 일반 모음이 '약'이라면 악센트 모음은 '강'으로, 일반 모음보다 두 배 크고 길게 발음한다. 단어에 강약 리듬을 주어 문장을 구사하면 그게 억양이 되는 것이다. 아래 표를 참고하며 QR코드 영상 강의로 악센트 모음을 이해해보자.

일반 모음: 약	악센트 모음: 강	강(악센트) + 약(일반) = 강약 리듬 & 억양
a e i o u y	á é í ó ú ý	fín·ger fá·mi·ly
● ● ● ● ● ●	● ● ● ● ● ●	● · ● · ● · ● · ●

이제 악센트에 주의하며 단어를 읽어보자.

dá·ddy   mó·ther   bró·ther   sís·ter   bá·by

Step 3: 핑거사운드

▶손가락 숫자 따라 하기

QR코드 영상 강의를 참고해 손가락 숫자를 세며 발음해보자.

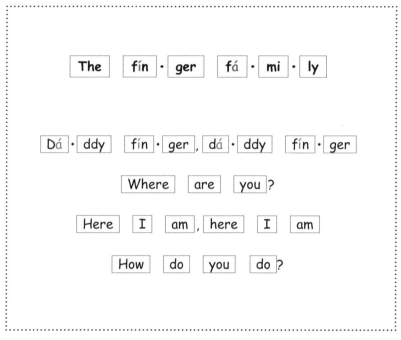

★ 분홍색 모음(á, é, í, ó, ú, ý)은 악센트 모음! 네모 한 칸이 한 음절!

▶한국인이 자주 틀리는 영어 음절

영어 단어 음절	콩글리시 음절
where	웨 어
here	히 어
how	하 우

Step 4: 서클사운드

▶음절에 동그라미 그리기

단어의 음절에 맞춰 동그라미를 그리며 음절을 구분해보자.

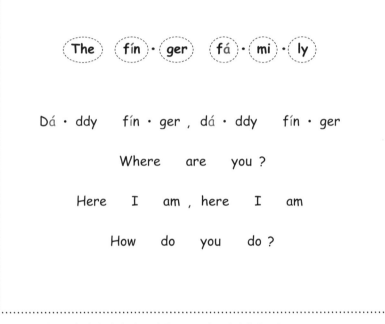

★ 분홍색 모음(á, é, í, ó, ú, ý)은 악센트 모음! 네모 한 칸이 한 음절!

Step 5: 일반사운드

▶단어를 보고 음절에 직접 동그라미 그리기

아무 표시도 없는 단어를 보고 직접 음절을 구분해 동그라미를 그리고 소리 내 읽어보자.

> **The   finger   family**
>
> Daddy   finger , daddy   finger
>
> Where   are   you ?
>
> Here   I   am , here   I   am
>
> How   do   you   do ?

Unit 5
Baa baa black sheep &
파닉스 버터 발음 F, V

'메에 메에 검은 양'을 부르며 F, V 입술 발음을 익혀보자. 유튜브의 〈Twinkle Little Songs〉를 참고하면 좋다.

Baa baa black sheep

Baa baa black sheep

Have you any wool?

Yes sir, yes sir, three bags full

One for my master

One for my dame

One for the little boy

who lives down the lane

가사 의미

메에 메에 검은 양

메에 메에 검은 양

너는 양털 좀 있니?

네 주인님, 네 주인님, 세 자루 가득 있어요

하나는 저의 주인님 것

하나는 저의 귀부인 것

하나는 어린 소년 것

길 아래에 살고 있는

Step 1 : 음절사운드

▶동요 가사 음절사운드 읽기

한국어 사각 음절에 맞춰 음절을 표시한 '음절사운드'로 가사를 읽고
연습해보자. 이번 유닛에서는 발음에 주의해야 하는 버터 자음 f와 v 만
파란색으로 표시했다.

일반사운드	음절사운드
Baa baa black sheep	Baa · baa · black · sheep
Baa baa black sheep	Baa · baa · black · sheep
Have you any wool?	Have · you · á · ny · wool ?
Yes sir, yes sir, three bags full	Yes · sir , yes · sir , three · bags · full
One for my master	One · for · my · más · ter
One for my dame	One · for · my · dame
One for the little boy	One · for · the · lí · ttle · boy
who lives down the lane	who · lives · down · the · lane

★ 주의해야 하는 f, v 발음은 파란색!

Step 2: 립사운드

▶입술 모양 따라 하기

QR코드 영상 강의에서 정확한 입술 모양을 확인하고, 거울을 보면서 연습해보자.

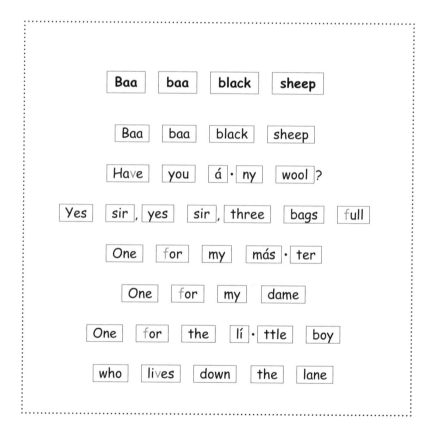

▶파닉스 원리: 버터 발음 f, v

f, v 발음은 아랫입술이 윗니에 닿는 (Touch) 발음이고, p, b 발음은 아랫입술이 윗니에 닿지 않는 (No Touch) 발음이다. 입술 모양의 차이로 발음과 의미가 달라지기 때문에 정확하게 발음하는 게 중요하다.

P (No Touch)		F (Touch)	
pet	애완동물	fat	뚱뚱한
pig	돼지	fig	무화과
pine	소나무	fine	좋은

B (No Touch)		V (Touch)	
bet	내기	vet	수의사
boys	소년들	voice	목소리
boat	배	vote	투표

Step 3: 핑거사운드

▶손가락 숫자 따라 하기

QR코드 영상 강의를 참고해 손가락 숫자를 세며 발음해보자.

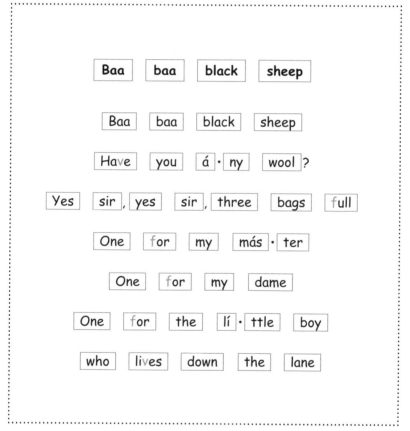

★ 음절의 기준은 모음(a · e · i · o · u · y)이고, 단어 끝 e는 묵음!

영어 단어 음절	콩글리시 음절
black	블 랙
have	해 브
three	쓰 리
más · ter	마 스 터
dame	데 임
boy	보 이
lives	리 브 스
down	다 운
lane	레 인

Step 4: 서클사운드

▶음절에 동그라미 그리기

단어의 음절에 맞춰 동그라미를 그리며 음절을 구분해보자.

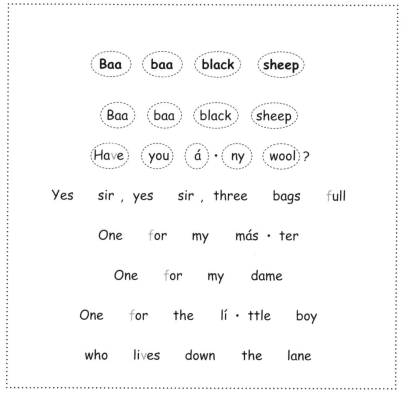

★음절의 기준은 모음(a · e · i · o · u · y)이고, 단어 끝 e는 묵음!

Step 5: 일반사운드

▶단어를 보고 음절에 직접 동그라미 그리기

아무 표시도 없는 단어를 보고 직접 음절을 구분해 동그라미를 그리고 소리 내 읽어보자.

Baa   baa   black   sheep

Baa   baa   black   sheep

Have   you   any   wool ?

Yes   sir , yes   sir , three   bags   full

One   for   my   master

One   for   my   dame

One   for   the   little   boy

who   lives   down   the   lane

Unit 6

The wheels on the bus
& 파닉스 버터 발음 Th

'버스의 바퀴들'을 부르며 Th 발음을 익혀보자. 유튜브의 〈Kids'
Songs, from BusSongs.com〉을 참고하면 좋다.

The wheels on the bus

The wheels on the bus

go round and round

Round and round

Round and round

The wheels on the bus

go round and round

all through the town

가사 의미

버스의 바퀴들

버스의 바퀴들이

빙글빙글 돌아가요

빙글빙글

빙글빙글

버스의 바퀴들이

빙글빙글 돌아가요

온 동네를 다니면서

- -

Step 1: 음절사운드

▶동요 가사 음절사운드 읽기

한국어 사각 음절에 맞춰 음절을 표시한 '음절사운드'로 가사를 읽고 연습해보자. 이번 유닛에서는 발음에 주의해야 하는 버터 자음 th만 파란색으로 표시했다.

일반사운드	음절사운드
The wheels on the bus	The | wheels | on | the | bus
The wheels on the bus	The | wheels | on | the | bus
go round and round	go | round | and | round
Round and round	Round | and | round
Round and round	Round | and | round
The wheels on the bus	The | wheels | on | the | bus
go round and round	go | round | and | round
all through the town	all | through | the | town

★ 주의해야 하는 th 발음은 파란색!

Step 2: 립사운드

▶입술 모양 따라 하기

QR코드 영상 강의에서 정확한 입술 모양을 확인하고, 거울을 보면서 연습해보자.

The wheels on the bus

The wheels on the bus

go round and round

Round and round

Round and round

The wheels on the bus

go round and round

all through the town

▶파닉스 원리: 버터 발음 th [θ ð]

th, 일명 '번데기 사운드'는 한국어에는 없는 버터 자음 중 하나다. 이 번데기 사운드를 정확히 발음하려면 혀가 중요한데, 혀를 입술 밖으로 빼며 발음하는 게 핵심이다.

th는 혀를 1cm 정도 입 밖으로 내밀고(out) 발음하고, s는 혀를 밖으로 내밀지 않고(in) 발음한다. 아래 표를 참고해 QR코드 영상 강의로 th와 s 발음을 정확히 배워 보자.

혀 in		혀 out	
sink	가라앉다	think	생각하다
tank	탱크	thank	감사하다
sing	노래하다	thing	물건
seem	보이다	theme	주제(테마)

Step 3: 핑거사운드

▶손가락 숫자 따라 하기

QR코드 영상 강의를 참고해 손가락 숫자를 세며 발음해보자.

| The | wheels | on | the | bus |

| The | wheels | on | the | bus |

| go | round | and | round |

| Round | and | round |

| Round | and | round |

| The | wheels | on | the | bus |

| go | round | and | round |

| all | through | the | town |

★ 음절의 기준은 모음(a · e · i · o · u · y)이고, 단어 끝 e는 묵음!

영어 단어 음절	콩글리시 음절
wheels	휠 스
bus	버 스
round	라 운 드
through	쓰 루
town	타 운

Step 4: 서클사운드

▶음절에 동그라미 그리기

단어의 음절에 맞춰 동그라미를 그리며 음절을 구분해보자.

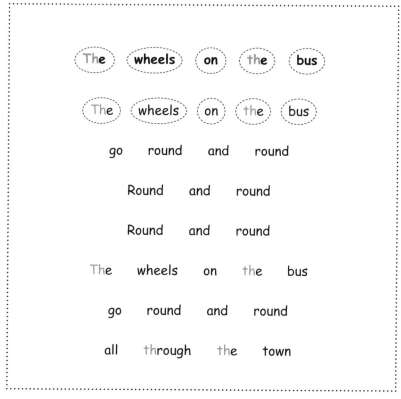

★ 음절의 기준은 모음(a · e · i · o · u · y)이고, 단어 끝 e는 묵음!

Step 5: 일반사운드

▶단어를 보고 음절에 직접 동그라미 그리기

아무 표시도 없는 단어를 보고 직접 음절을 구분해 동그라미를 그리고 소리 내 읽어보자.

The   wheels   on   the   bus

The   wheels   on   the   bus

go   round   and   round

Round   and   round

Round   and   round

The   wheels   on   the   bus

go   round   and   round

all   through   the   town

★ 음절의 기준은 모음(a · e · i · o · u · y)이고, 단어 끝 e는 묵음!

Unit 7
Lazy Mary
& 파닉스 버터 발음 L

'게으른 메리 일어날래?'를 부르며 L 발음을 익혀보자. 유튜브의 〈Little Fox〉를 참고하면 좋다.

Lazy Mary

Lazy <u>Mary</u> will you get up?

Will you get up? Will you get up?

Lazy <u>Mary</u> will you get up?

Will you get up today?

게으른 메리

게으른 메리 일어날래?

일어날래? 일어날래?

게으른 메리 일어날래?

일어날래 오늘?

- -

Step 1: 음절사운드

▶동요 가사 음절사운드 읽기

한국어 사각 음절에 맞춰 음절을 표시한 '음절사운드'로 가사를 읽고
연습해보자. 이번 유닛에서는 발음에 주의해야 하는 버터 자음 l만 파
란색으로 표시했다.

일반사운드	음절사운드
Lazy Mary	Lá · zy Má · ry
Lazy Mary will you get up?	Lá · zy Má · ry will you get up?
Will you get up? Will you get up?	Will you get up? Will you get up?
Lazy Mary will you get up?	Lá · zy Má · ry will you get up?
Will you get up today?	Will you get up to · dáy?

★ 주의해야 하는 l 발음은 파란색!

▶가사 바꿔 부르기

밑줄 친 'Mary'를 우리 아이 이름으로 바꿔서 불러보자.

Step 2: 립사운드

▶입술 모양 따라 하기

QR코드 영상 강의에서 정확한 입술 모양을 확인하고, 거울을 보면서 연습해보자.

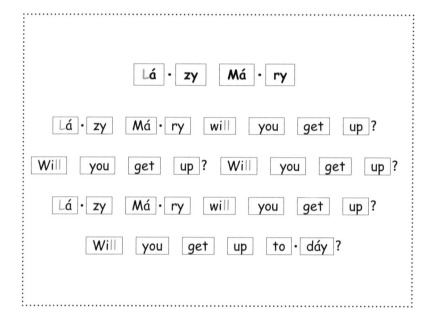

▶파닉스 원리: 버터 발음 l

l은 혀끝 1cm 정도를 윗니 뒤쪽에 강하게(Strong) 밀착시키며 발음하고, n은 혀끝이 부드럽게(Soft) 입천장에 닿도록 발음해야 한다. QR코드 영상 강의를 보고 아이들과 껌으로 발음 연습 놀이를 하며 n과 l 발음의 차이를 익혀보자.

N (Soft)		L (Strong)	
not	아니다	lot	많음, 다수
net	그물	let	허락하다
no	안 돼	low	낮다

Step 3: 핑거사운드

▶손가락 숫자 따라 하기

QR코드 영상 강의를 참고해 손가락 숫자를 세며 발음해보자.

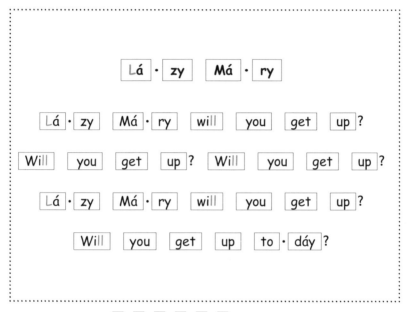

★ 음절의 기준은 모음(a · e · i · o · u · y)이고, 단어 끝 e는 묵음!

▶한국인이 자주 틀리는 영어 음절

영어 단어 음절	콩글리시 음절
lá • zy	레 이 지
to • dáy	투 데 이

Step 4: 서클사운드

▶ 음절에 동그라미 그리기

단어의 음절에 맞춰 동그라미를 그리며 음절을 구분해보자.

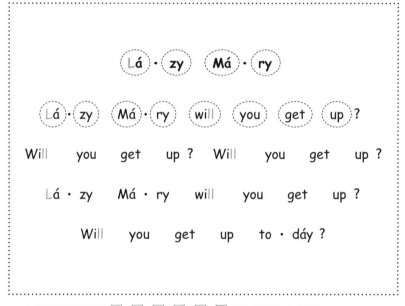

★ 음절의 기준은 모음(a · e · i · o · u · y)이고, 단어 끝 e는 묵음!

Step 5: 일반사운드

▶단어를 보고 음절에 직접 동그라미 그리기

아무 표시도 없는 단어를 보고 직접 음절을 구분해 동그라미를 그리고 소리 내 읽어보자.

Lazy   Mary

Lazy   Mary   will   you   get   up ?

Will   you   get   up ?   Will   you   get   up ?

Lazy   Mary   will   you   get   up ?

Will   you   get   up   today ?

★ 음절의 기준은 모음(a · e · i · o · u · y)이고, 단어 끝 e는 묵음!

Row row row your boat
& 파닉스 버터 발음 R

'저어요 저어요 저어요 당신의 배를'을 부르며 R 발음을 익혀보자.
유튜브의 〈LIV Kids〉를 참고하면 좋다.

Row row row your boat

Row row row your boat
Gently down the stream
Merrily merrily
Merrily merrily
Life is but a dream

가사 의미

저어요 저어요 저어요 당신의 배를

저어요 저어요 저어요 당신의 배를

부드럽게 물살을 따라서

즐겁게 즐겁게

즐겁게 즐겁게

인생은 단지 꿈과 같아요

Step 1: 음절사운드

▶동요 가사 음절사운드 읽기

한국어 사각 음절에 맞춰 음절을 표시한 '음절사운드'로 가사를 읽고 연습해보자. 이번 유닛에서는 발음에 주의해야 하는 버터 자음 r만 파란색으로 표시했다.

일반사운드	음절사운드
Row row row your boat	Row row row your boat
Row row row your boat	Row row row your boat
Gently down the stream	Gént · ly down the stream
Merrily merrily	Mé · rri · ly Mé · rri · ly
Merrily merrily	Mé · rri · ly Mé · rri · ly
Life is but a dream	Life is but a dream

★ 주의해야 하는 r 발음은 파란색!

Step 2: 립사운드

▶입술 모양 따라 하기

QR코드 영상 강의에서 정확한 입술 모양을 확인하고, 거울을 보면서 연습해보자.

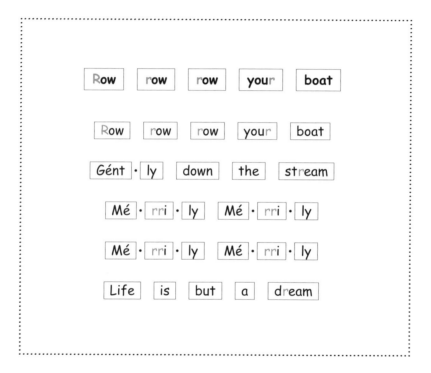

▶파닉스 원리: 버터 발음 r

r 발음에서 중요한 것은 혀의 길이가 아니라 혀 근육의 유연성이다. 아이와 함께 혀 굴리는 소리로 놀면서 혀 근육의 유연성을 테스트해 보자.

앞에서 배웠던 l 발음법과 껌 발음 연습을 떠올려보자. l은 혀끝 1cm 정도를 윗니에 강하게 밀착시키며(Touch) 발음하고, r은 혀끝이 입천장에 닿지 않게(No Touch) 입을 크게 벌리고 혀끝을 들어올리면서 발음한다. 아이들과 빨대로 발음 연습 놀이를 하며 l과 r 발음의 차이를 정확히 익힐 수 있다. 굵은 빨대를 하나씩 준비하고 QR코드 영상 강의를 살펴보자.

L (Touch)		R (No Touch)	
lock	잠그다	rock	바위
led	이끌었다	red	빨간색
lead	이끌다	read	읽다
light	빛	right	옳은
lace	레이스	race	경주

★ [a rrrrrrrrrrrr] 혀 굴리기

Step 3: 핑거사운드

▶ 손가락 숫자 따라 하기

QR코드 영상 강의를 참고해 손가락 숫자를 세며 발음해보자.

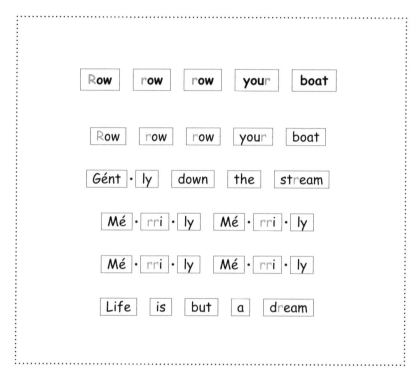

★ 음절의 기준은 모음(a · e · i · o · u · y)이고, 단어 끝 e는 묵음!

▶한국인이 자주 틀리는 영어 음절

영어 단어 음절	콩글리시 음절
boat	보 트
gént • ly	젠 틀 리
stream	스 트 림
life	라 이 프
dream	드 림

Step 4: 서클사운드

▶음절에 동그라미 그리기

단어의 음절에 맞춰 동그라미를 그리며 음절을 구분해보자.

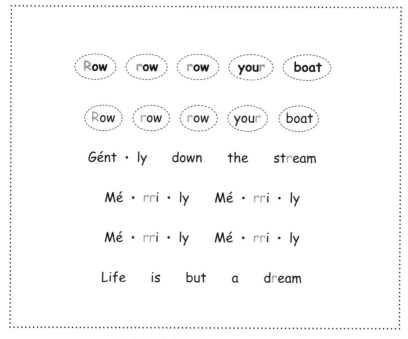

★ 음절의 기준은 모음(a · e · i · o · u · y)이고, 단어 끝 e는 묵음!

Step 5: 일반사운드

▶단어를 보고 음절에 직접 동그라미 그리기

아무 표시도 없는 단어를 보고 직접 음절을 구분해 동그라미를 그리고 소리 내 읽어보자.

Row   row   row   your   boat

Row   row   row   your   boat

Gently   down   the   stream

Merrily   merrily

Merrily   merrily

Life   is   but   a   dream

★ 음절의 기준은 모음(a · e · i · o · u · y)이고, 단어 끝 e는 묵음!

Unit 9
Twinkle twinkle little star
& 파닉스 복합 자음

'반짝반짝 작은 별'을 부르며 복합 자음을 익혀보자. 유튜브의 〈Super Simple Songs〉를 참고하면 좋다.

Twinkle twinkle little star

Twinkle twinkle little star
How I wonder what you are
Up above the world so high
Like a diamond in the sky
Twinkle twinkle little star
How I wonder what you are

반짝반짝 작은 별

반짝반짝 작은 별

나는 네가 정말 궁금해

저 세상 위로 높이 아주 높이

하늘의 다이아몬드처럼

반짝반짝 작은 별

나는 네가 정말 궁금해

Step 1: 음절사운드

▶동요 가사 음절사운드 읽기

한국어 사각 음절에 맞춰 음절을 표시한 '음절사운드'로 가사를 읽고
연습해보자. 이번 유닛에서는 발음에 주의해야 하는 복합 자음만 파란
색으로 표시했다.

일반사운드	음절사운드
Twinkle twinkle little star	Twín · kle twín · kle lí · ttle star
Twinkle twinkle little star	Twín · kle twín · kle lí · ttle star
How I wonder what you are	How I wón · der what you are
Up above the world so high	Up a · bóve the world so high
<u>Like a diamond in the sky</u>	Like a día · mond in the sky
Twinkle twinkle little star	Twín · kle twín · kle lí · ttle star
How I wonder what you are	How I wón · der what you are

★ 주의해야 하는 복합 자음은 파란색!

Step 2: 립사운드

▶입술 모양 따라 하기

QR코드 영상 강의에서 정확한 입술 모양을 확인하고, 거울을 보면서 연습해보자.

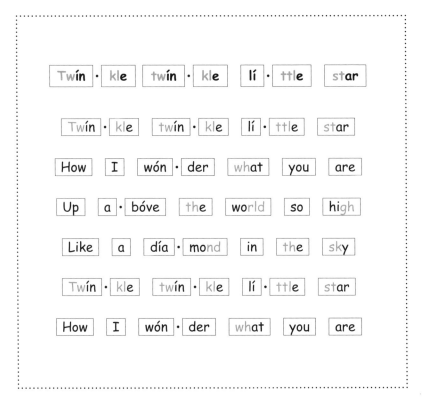

▶파닉스 원리: 복합 자음

복합 자음은 자음이 둘 이상 연결된 것을 의미하는데, 음절은 자음의 개수와 상관없이 모음을 기준으로 구분해야 한다.

자음이 두 개인 복합 자음

영어 단어 음절	콩글리시 음절
bread	브 레 드
dress	드 레 스
crown	크 라 운
frog	프 러 그
please	플 리 즈

자음이 세 개인 복합 자음

영어 단어 음절	콩글리시 음절
school	스 쿨
spring	스 프 링
stress	스 트 레 스
strange	스 트 레 인 지

Step 3: 핑거사운드

▶손가락 숫자 따라 하기

QR코드 영상 강의를 참고해 손가락 숫자를 세며 발음해보자.

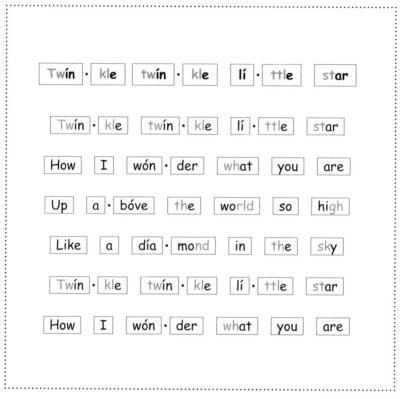

★ 음절의 기준은 모음(a · e · i · o · u · y)이고, 단어 끝 e는 묵음!

▶한국인이 자주 틀리는 영어 음절

영어 단어 음절	콩글리시 음절
twín• • kle	트 윈 클
star	스 타
world	월 드
high	하 이
like	라 이 크
día • mond	다 이 아 몬 드
sky	스 카 이

▶음절에 동그라미 그리기

단어의 음절에 맞춰 동그라미를 그리며 음절을 구분해보자.

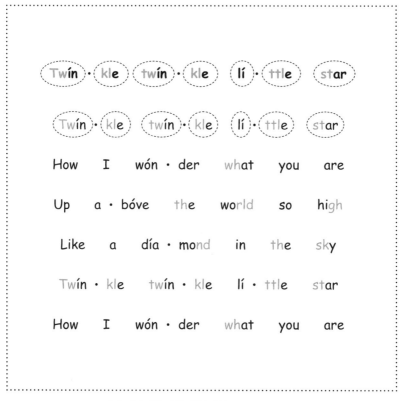

★ 음절의 기준은 모음(a · e · i · o · u · y)이고, 단어 끝 e는 묵음!

Step 5: 일반사운드

▶단어를 보고 음절에 직접 동그라미 그리기

아무 표시도 없는 단어를 보고 직접 음절을 구분해 동그라미를 그리고 소리 내 읽어보자.

Twinkle   twinkle   little   star

Twinkle   twinkle   little   star

How   I   wonder   what   you   are

Up   above   the   world   so   high

Like   a   diamond   in   the   sky

Twinkle   twinkle   little   star

How   I   wonder   what   you   are

★ 음절의 기준은 모음(a · e · i · o · u · y)이고, 단어 끝 e는 묵음!

▶가사 바꿔 부르기!

태어난 날짜에 따라 달라지는 별자리처럼, 태어난 달에도 상징적인 보석이 있다. 밑줄 친 'Like a diamond in the sky'를 아이의 탄생석으로 가사를 바꿔 불러보자.

생월	Birth·stone	탄생석	바꾸는 가사
1월	gár·net	가넷	Like a gár·net in the sky
2월	á·me·thyst	자수정	Like an á·me·thyst in the sky
3월	a·qua·ma·ríne	아쿠아마린	Like an a·qua·ma·ríne in the sky
4월	día·mond	다이아몬드	Like a día·mond in the sky
5월	é·me·rald	에메랄드	Like an é·me·rald in the sky
6월	pearl	진주	Like a pearl in the sky

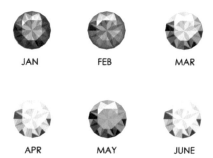

JAN   FEB   MAR

APR   MAY   JUNE

생월	Birth · stone	탄생석	바꾸는 가사
7월	rú · by	루비	Like a rú · by in the sky
8월	pé · ri · dot	페리도트	Like a pé · ri · dot in the sky
9월	sá · pphire	사파이어	Like a sá · pphire in the sky
10월	tóur · ma · line	토르말린	Like a tóur · ma · line in the sky
11월	cí · trine	시트린	Like a cí · trine in the sky
12월	tó · paz	토파즈	Like a tó · paz in the sky

JULY   AUG   SEPT

OCT   NOV   DEC

Mary had a little lamb
& 파닉스 묵음 silence

'메리에게는 작은 양이 있었어요'를 부르며 묵음을 익혀보다. 유튜브의 〈Super Simple Songs〉를 참고하면 좋다.

Mary had a little lamb

Mary had a little lamb
Little lamb little lamb
Mary had a little lamb
whose fleece was white as snow

메리에게는 작은 양이 있었어요

메리에게는 작은 양이 있었어요
작은 양 작은 양
메리에게는 작은 양이 있었어요
털이 눈처럼 하얀 양

Step 1: 음절사운드

▶동요 가사 음절사운드 읽기

한국어 사각 음절에 맞춰 음절을 표시한 '음절사운드'로 가사를 읽고 연습해보자. 이번 유닛에서는 소리를 내지 않는 묵음만 초록색으로 표시했다.

일반사운드	음절사운드
Mary had a little lamb	Má · ry had a lí · ttle lamb
Mary had a little lamb	Má · ry had a lí · ttle lamb
Little lamb little lamb	Lí · ttle lamb lí · ttle lamb
Mary had a little lamb	Má · ry had a lí · ttle lamb
whose fleece was white as snow	whose fleece was white as snow

★ 주의해야 하는 묵음 발음은 초록색!

Step 2: 립사운드

▶입술 모양 따라 하기

QR코드 영상 강의로 정확한 입술 모양을 확인하고, 거울을 보면서 연습해보자.

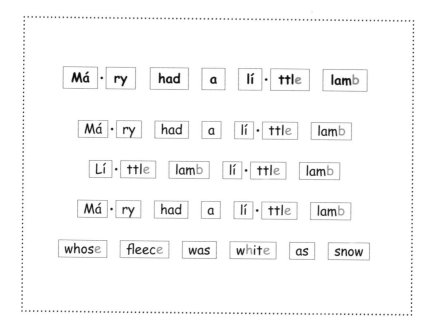

▶파닉스 원리: 묵음

묵음(silence)은 단어에 들어 있기는 하지만 소리 내어 발음하지 않는 글자를 의미한다.

묵음 단어	콩글리시 음절
li • ttle	리 틀
lamb	램
whose	후 즈
fleece	플 리 즈
white	와 이 트
film	필 름
half	하 프
hour	아 워
knife	나 이 프
ghost	고 스 트

Step 3: 핑거사운드

▶ 손가락 숫자 따라 하기

QR코드 영상 강의를 참고해 손가락 숫자를 세며 발음해보자.

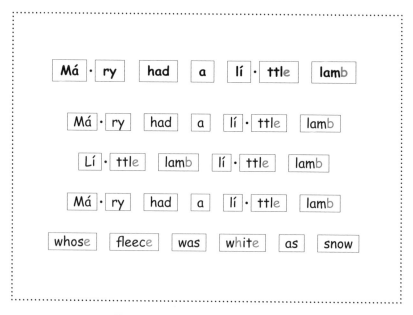

★ 음절의 기준은 모음(a · e · i · o · u · y)이고, 단어 끝 e는 묵음!

▶한국인이 자주 틀리는 영어 음절

영어 단어 음절	콩글리시 음절
whose	잇 츠
fleece	플 리 즈
was	위 즈
white	와 이 트
as	애 즈
snow	스 노 우

Step 4: 서클사운드

▶음절에 동그라미 그리기

단어의 음절에 맞춰 동그라미를 그리며 음절을 구분해보자.

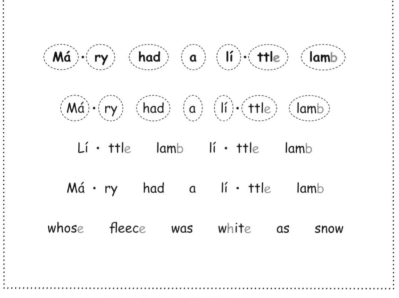

★ 음절의 기준은 모음(a, e, i, o, u, y)이고, 단어 끝 e는 묵음!

Step 5: 일반사운드

▶단어를 보고 음절에 직접 동그라미 그리기

아무 표시도 없는 단어를 보고 직접 음절을 구분해 동그라미를 그리고 소리 내 읽어보자.

Mary   had   a   little   lamb

Mary   had   a   little   lamb

Little   lamb   little   lamb

Mary   had   a   little   lamb

whose   fleece   was   white   as   snow

★ 음절의 기준은 모음(a · e · i · o · u · y)이고, 단어 끝 e는 묵음!

Chapter 3

영어유치원 100단어

아이들이 말을 배울 때, 100단어 정도만 익히면 엄마 아빠와 일상적인 대화가 가능하다. 영어 역시 기본 100단어의 정확한 발음과 음절만 터득하면 충분히 일상적인 대화를 나눌 수 있다. 100단어를 정확히 배우고 익히면 '우리 집은 즐거운 영어유치원'도 성공이다.

우리 아이에게 한국어 말소리, 한글 글 소리를 가르친 엄마 아빠라면 영어의 기본 100단어로 얼마든지 우리 아이에게 원어민 발음을 가르칠 수 있다.

QR코드 영상 강의와 5 Step으로 기본 100단어를 익히고, 우리 아이와 함께 립사운드, 핑거사운드, 서클사운드 그리고 일반사운느 단계를 하나씩 헤니가면 '우리 집은 즐거운 영어유치원'으로 원어민 발음 배우기 성공이다.

Unit 1
Family

Step 1: 음절사운드

일반사운드에서는 음절이 보이지 않는다. 한국어 사각 음절에 맞춰 음절을 표시한 '음절사운드'를 보고, 악센트와 음절에 주의하며 단어를 읽고 연습해보자.

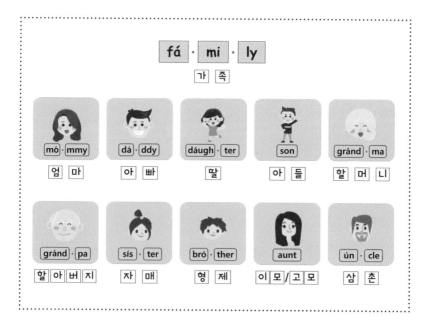

Step 2: 립사운드

▶입술 모양 따라 하기

QR코드 영상 강의에서 정확한 입술 모양을 확인하고, 거울을 보면서 연습해보자.

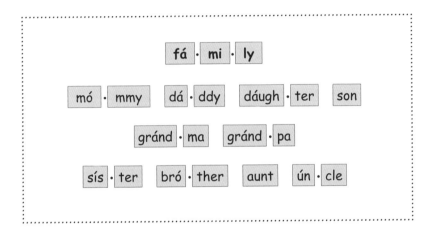

▶주의해야 할 버터 자음&악센트

한국어에 없는 영어의 버터 자음과 악센트만 주의해도 원어민 발음에 한 발 더 가까워질 수 있다. QR코드 영상 강의를 참고해 정확한 발음을 알아보자. 버터 자음은 파란색, 악센트 모음은 분홍색으로 표시했다.

bró·ther   ún·cle

Step 3: 핑거사운드

▶손가락 숫자 따라 하기

손가락으로 하나, 둘 숫자를 세며 단어의 음절을 구분하는 방법이다.
단어 위에 적힌 수가 그 단어의 음절 수다. QR코드 영상 강의를 참고해
손가락 숫자를 세며 발음해보자.

fá · mi · ly

mó · mmy

dá · ddy

dáugh · ter

son

gránd · ma

gránd · pa

sís · ter

bró · ther

aunt

ún · cle

★ 음절의 기준은 모음(a · e · i · o · u · y)이고, 단어 끝 e는 묵음!

▶한국인이 자주 틀리는 영어 음절

영어 단어 음절	콩글리시 음절
dáugh • ter	도 우 터
gránd • ma	그 랜 드 마
gránd • pa	그 랜 드 파
sís • ter	씨 스 터
bró • ther	브 라 더
aunt	앤 트

Step 4: 서클사운드

▶음절에 동그라미 그리기

단어의 음절에 맞춰 동그라미를 그리며 음절을 구분해보자.

fá · mi · ly

mó · mmy

dá · ddy

dáugh · ter

son

gránd · ma

gránd · pa

sís · ter

bró · ther

aunt

ún · cle

★ 음절의 기준은 모음(a · e · i · o · u · y)이고, 단어 끝 e는 묵음!

Step 5: 일반사운드

▶단어를 보고 음절에 직접 동그라미 그리기

아무 표시도 없는 단어를 보고 직접 음절을 구분해 동그라미를 그리고 소리 내 읽어보자.

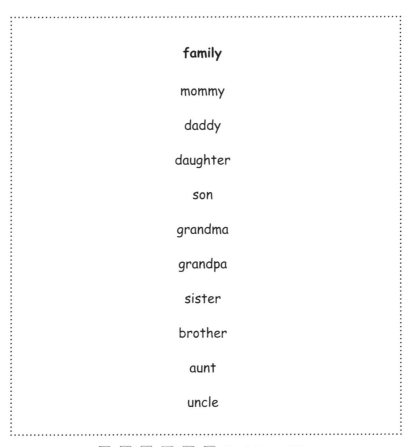

family

mommy

daddy

daughter

son

grandma

grandpa

sister

brother

aunt

uncle

★ 음절의 기준은 모음(⬚a ･ ⬚e ･ ⬚i ･ ⬚o ･ ⬚u ･ ⬚y)이고, 단어 끝 e는 묵음!

Body

Step 1: 음절사운드

한국어 사각 음절에 맞춰 음절을 표시한 '음절사운드'를 보고, 악센트와 음절에 주의하며 단어를 읽고 연습해보자.

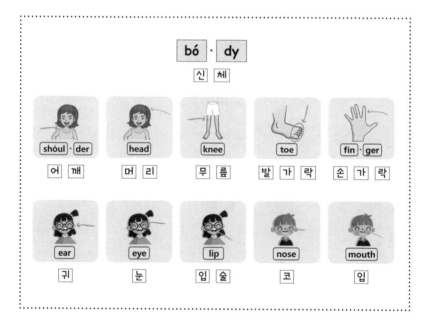

Step 2: 립사운드

▶입술 모양 따라 하기

QR코드 영상 강의에서 정확한 입술 모양을 확인하고, 거울을 보면서 연습해보자.

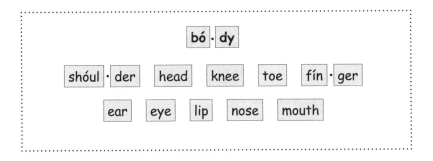

▶주의해야 할 버터 자음&악센트

shóul·der   fín·ger   lip

mouth 입   mouse 쥐

정확히 발음하지 않으면 코 아래에 입 대신 쥐를 달고 다니는 사람이 될 수 있다.

Step 3: 핑거사운드

▶손가락 숫자 따라 하기

QR코드 영상 강의를 참고해 손가락 숫자를 세며 발음해보자.

bó · dy

shóul · der

head

knee

toe

fín · ger

ear

eye

lip

nose

mouth

★ 음절의 기준은 모음(a · e · i · o · u · y)이고, 단어 끝 e는 묵음!

▶한국인이 자주 틀리는 영어 음절

영어 단어 음절	콩글리시 음절
head	헤 드
ear	이 어
eye	아 이
nose	노 우 즈
mouth	마 우 스

Step 4: 서클사운드

▶음절에 동그라미 그리기

단어의 음절에 맞춰 동그라미를 그리며 음절을 구분해보자.

bó · dy

shóul · der

head

knee

toe

fín · ger

ear

eye

lip

nose

mouth

★ 음절의 기준은 모음(a · e · i · o · u · y)이고, 단어 끝 e는 묵음!

Step 5: 일반사운드

▶단어를 보고 음절에 직접 동그라미 그리기

아무 표시도 없는 단어를 보고 직접 음절을 구분해 동그라미를 그리고 소리 내 읽어보자.

body

shoulder

head

knee

toe

finger

ear

eye

lip

nose

mouth

★ 음절의 기준은 모음(a · e · i · o · u · y)이고, 단어 끝 e는 묵음!

Unit 3
Color

Step 1: 음절사운드

한국어 사각 음절에 맞춰 음절을 표시한 '음절사운드'를 보고, 악센트와 음절에 주의하며 단어를 읽고 연습해보자.

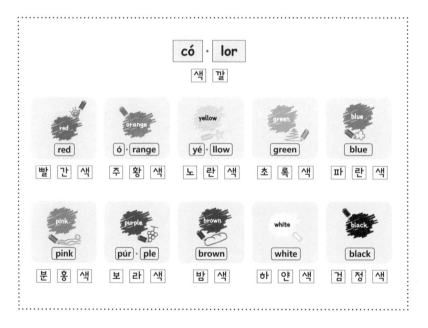

Step 2: 립사운드

▶입술 모양 따라 하기

QR코드 영상 강의에서 정확한 입술 모양을 확인하고, 거울을 보면서 연습해보자.

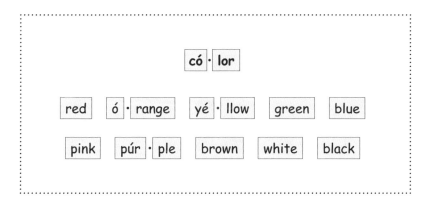

▶주의해야 할 버터 자음&악센트

có·lor	
red	blue
ó·range	púr·ple
yé·llow	brown
green	black

Step 3: 핑거사운드

▶손가락 숫자 따라 하기

QR코드 영상 강의를 참고해 손가락 숫자를 세며 발음해보자.

có · lor

red

ó · range

yé · llow

green

blue

pink

púr · ple

brown

white

black

★ 음절의 기준은 모음(a · e · i · o · u · y)이고, 단어 끝 e는 묵음!

▶한국인이 자주 틀리는 영어 음절

영어 단어 음절	콩글리시 음절
red	레 드
ó • range	오 렌 지
green	그 린
blue	블 루
pink	핑 크
brown	브 라 운
white	화 이 트
black	블 랙

Step 4: 서클사운드

단어의 음절에 맞춰 동그라미를 그리며 음절을 구분해보자.

có · lor

red

ó · range

yé · llow

green

blue

pink

púr · ple

brown

white

black

★ 음절의 기준은 모음(a · e · i · o · u · y)이고, 단어 끝 e는 묵음!

Step 5: 일반사운드

▶단어를 보고 음절에 직접 동그라미 그리기

아무 표시도 없는 단어를 보고 직접 음절을 구분해 동그라미를 그리고 소리 내 읽어보자.

color

red

orange

yellow

green

blue

pink

purple

brown

white

black

★ 음절의 기준은 모음(a · e · i · o · u · y)이고, 단어 끝 e는 묵음!

Unit 4
Baby animal

Step 1: 음절사운드

한국어 사각 음절에 맞춰 음절을 표시한 '음절사운드'를 보고, 악센트와 음절에 주의하며 단어를 읽고 연습해보자.

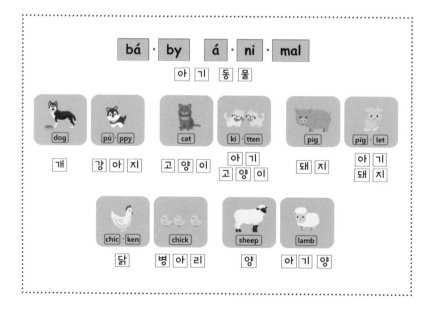

Step 2: 립사운드

▶입술 모양 따라 하기

QR코드 영상 강의에서 정확한 입술 모양을 확인하고, 거울을 보면서 연습해보자.

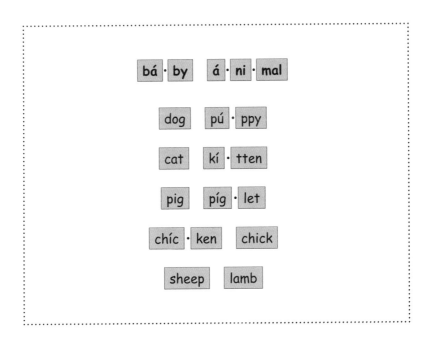

▶주의해야 할 버터 자음&악센트

píg·let   chíc·ken   chick   sheep   lamb

Step 3: 핑거사운드

▶손가락 숫자 따라 하기

QR코드 영상 강의를 참고해 손가락 숫자를 세며 발음해보자.

bá · by   á · ni · mal

dog

pú · ppy

cat

kí · tten

pig

píg · let

chíc · ken

chick

sheep

lamb

★ 음절의 기준은 모음(a · e · i · o · u · y)이고, 단어 끝 e는 묵음!

▶한국인이 자주 틀리는 영어 음절

영어 단어 음절	콩글리시 음절
pig	피 그
píg · let	피 글 렛

Step 4: 서클사운드

▶음절에 동그라미 그리기

단어의 음절에 맞춰 동그라미를 그리며 음절을 구분해보자.

bá · by   á · ni · mal

dog

pú · ppy

cat

kí · tten

pig

píg · let

chíc · ken

chick

sheep

lamb

★ 음절의 기준은 모음(a · e · i · o · u · y)이고, 단어 끝 e는 묵음!

Step 5: 일반사운드

▶단어를 보고 음절에 직접 동그라미 그리기

아무 표시도 없는 단어를 보고 직접 음절을 구분해 동그라미를 그리고 소리 내 읽어보자.

baby   animal

dog

puppy

cat

kitten

pig

piglet

chicken

chick

sheep

lamb

★ 음절의 기준은 모음(⬚a⬚ · ⬚e⬚ · ⬚i⬚ · ⬚o⬚ · ⬚u⬚ · ⬚y⬚)이고, 단어 끝 e는 묵음!

Animal sound

Step 1: 음절사운드

한국어 사각 음절에 맞춰 음절을 표시한 '음절사운드'를 보고, 악센트와 음절에 주의하며 단어를 읽고 연습해보자.

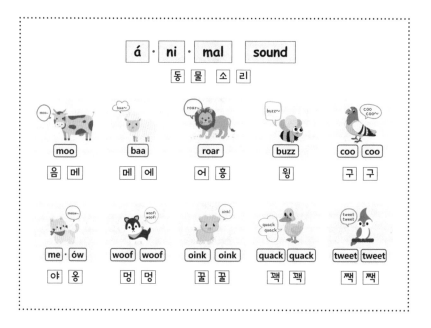

Step 2: 립사운드

▶입술 모양 따라 하기

QR코드 영상 강의에서 정확한 입술 모양을 확인하고, 거울을 보면서 연습해보자.

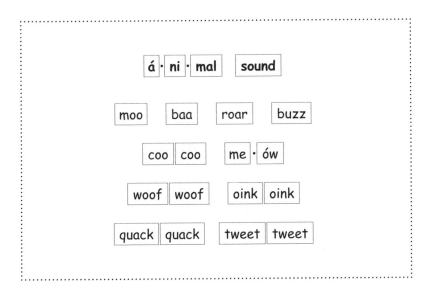

▶주의해야 할 버터 자음&악센트

roar　buzz　me·ów

Step 3: 핑거사운드

▶손가락 숫자 따라 하기

QR코드 영상 강의를 참고해 손가락 숫자를 세며 발음해보자.

á · ni · mal   sound

moo

baa

roar

buzz

coo   coo

me · ów

woof   woof

oink   oink

quack   quack

tweet   tweet

★ 음절의 기준은 모음(a · e · i · o · u · y)이고, 단어 끝 e는 묵음!

▶한국인이 자주 틀리는 영어 음절

영어 단어 음절	콩글리시 음절
roar	로 어
buzz	버 즈
woof	위 프
oink	오 잉 크
tweet	트 윗

Step 4: 서클사운드

▶음절에 동그라미 그리기

단어의 음절에 맞춰 동그라미를 그리며 음절을 구분해보자.

á · ni · mal   sound

moo

baa

roar

buzz

coo   coo

me · ów

woof   woof

oink   oink

quack   quack

tweet   tweet

★ 음절의 기준은 모음(a · e · i · o · u · y)이고, 단어 끝 e는 묵음!

Step 5: 일반사운드

▶단어를 보고 음절에 직접 동그라미 그리기

아무 표시도 없는 단어를 보고 직접 음절을 구분해 동그라미를 그리고 소리 내 읽어보자.

animal sound

moo

baa

roar

buzz

coo   coo

meow

woof   woof

oink   oink

quack   quack

tweet   tweet

★ 음설의 기준은 모음(a · e · i · o · u · y)이고, 단어 끝 e는 묵음!

Animal

Step 1: 음절사운드

한국어 사각 음절에 맞춰 음절을 표시한 '음절사운드'를 보고, 악센트와 음절에 주의하며 단어를 읽고 연습해보자.

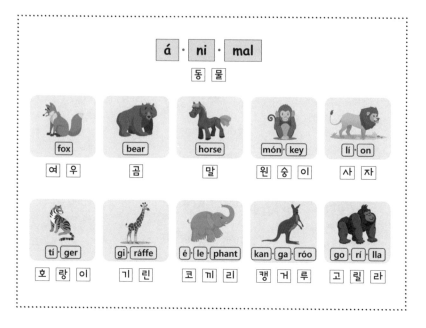

Step 2: 립사운드

▶입술 모양 따라 하기

QR코드 영상 강의에서 정확한 입술 모양을 확인하고, 거울을 보면서 연습해보자.

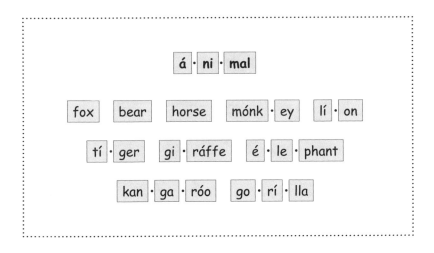

▶주의해야 할 버터 자음&악센트

fox   bear   horse   lí·on   tí·ger

gi·ráffe é·le·phant kan·ga·róo go·rí·lla

Step 3: 핑거사운드

▶손가락 숫자 따라 하기

QR코드 영상 강의를 참고해 손가락 숫자를 세며 발음해보자.

á · ni · mal

fox

bear

horse

mónk · ey

lí · on

tí · ger

gi · ráffe

é · le · phant

kan · ga · róo

go · rí · lla

★ 음절의 기준은 모음(a · e · i · o · u · y)이고, 단어 끝 e는 묵음!

▶한국인이 자주 틀리는 영어 음절

영어 단어 음절	콩글리시 음절
fox	폭 스
bear	베 어
horse	호 스
lí • on	라 이 언
tí • ger	타 이 거
gi • ráffe	지 래 프

Step 4: 서클사운드

▶음절에 동그라미 그리기

단어의 음절에 맞춰 동그라미를 그리며 음절을 구분해보자.

á · ni · mal

fox

bear

horse

mónk · ey

lí · on

tí · ger

gi · ráffe

é · le · phant

kan · ga · róo

go · rí · lla

★ 음절의 기준은 모음(a · e · i · o · u · y)이고, 단어 끝 e는 묵음!

Step 5: 일반사운드

▶ 단어를 보고 음절에 직접 동그라미 그리기

아무 표시도 없는 단어를 보고 직접 음절을 구분해 동그라미를 그리고 소리 내 읽어보자.

animal

fox

bear

horse

monkey

lion

tiger

giraffe

elephant

kangaroo

gorilla

★ 음절의 기준은 모음(a · e · i · o · u · y)이고, 단어 끝 e는 묵음!

Unit 7
Fruit

Step 1: 음절사운드

한국어 사각 음절에 맞춰 음절을 표시한 '음절사운드'를 보고, 악센트와 음절에 주의하며 단어를 읽고 연습해보자.

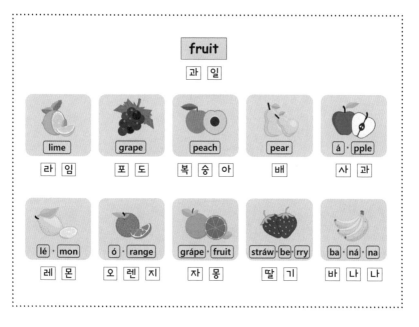

Step 2: 립사운드

▶입술 모양 따라 하기

QR코드 영상 강의에서 정확한 입술 모양을 확인하고 연습해보자.

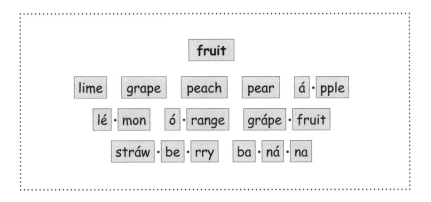

▶주의해야 할 버터 자음&악센트

fruit   lime   grape   pear   lé·mon

grápe·fruit   stráw·be·rry   banána

같은 'a'도 위치에 따라 강약에 따라 서로 다르게 발음된다.

콩글리시 발음	악센트 음절	악센트 발음
바 나 나	ba · ná · ná	버 내 나

Step 3: 핑거사운드

▶손가락 숫자 따라 하기

QR코드 영상 강의를 참고해 손가락 숫자를 세며 발음해보자.

fruit

lime

grape

peach

pear

á · pple

lé · mon

ó · range

grápe · fruit

stráw · be · rry

ba · ná · na

★ 음절의 기준은 모음(a · e · i · o · u · y)이고, 단어 끝 e는 묵음!

▶한국인이 자주 틀리는 영어 음절

영어 단어 음절	콩글리시 음절
fruit	후 룻
lime	라 임
grape	그 레 이 프
peach	피 치
pear	페 어
grápe • fruit	그 레 이 프 후 룻
stráw • be • rry	스 트 로 베 리

Step 4: 서클사운드

▶음절에 동그라미 그리기

단어의 음절에 맞춰 동그라미를 그리며 음절을 구분해보자.

fruit

lime

grape

peach

pear

á · pple

lé · mon

ó · range

grápe · fruit

stráw · be · rry

ba · ná · na

★ 음절의 기준은 모음(a · e · i · o · u · y)이고, 단어 끝 e는 묵음!

5: 일반사운드

▶단어를 보고 음절에 직접 동그라미 그리기

아무 표시도 없는 단어를 보고 직접 음절을 구분해 동그라미를 그리고 소리 내 읽어보자.

fruit

lime

grape

peach

pear

apple

lemon

orange

grapefruit

strawberry

banana

★ 음절의 기준은 모음(ⓐ · ⓔ · ⓘ · ⓞ · ⓤ · ⓨ)이고, 단어 끝 e는 묵음!

Unit 8
Vegetable

Step 1: 음절사운드

한국어 사각 음절에 맞춰 음절을 표시한 '음절사운드'를 보고, 악센트와 음절에 주의하며 단어를 읽고 연습해보자.

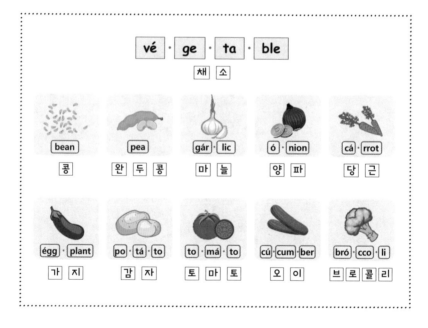

Step 2: 립사운드

▶입술 모양 따라 하기

QR코드 영상 강의에서 정확한 입술 모양을 확인하고, 거울을 보면서 연습해보자.

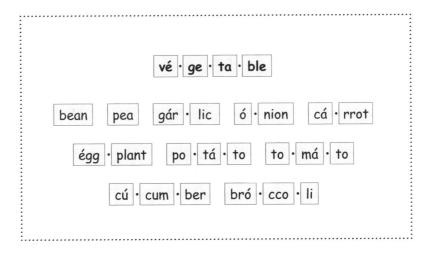

▶주의해야 할 버터 자음&악센트

vé·ge·ta·ble   gár·lic   cá·rrot

égg·plant   bró·cco·li

Step 3: 핑거사운드

QR코드 영상 강의를 참고해 손가락 숫자를 세며 발음해보자.

vé · ge · ta · ble

bean

pea

gár · lic

ó · nion

cá · rrot

égg · plant

po · tá · to

to · má · to

cú · cum · ber

bró · cco · li

★ 음절의 기준은 모음(a · e · i · o · u · y)이고, 단어 끝 e는 묵음!

▶한국인이 자주 틀리는 영어 음절

영어 단어 음절	콩글리시 음절
ó • nion	어 니 언
égg • plant	에 그 플 란 트
po • tá • to	포 테 이 토
bró • cco • li	브 로 콜 리

Step 4: 서클사운드

▶음절에 동그라미 그리기

단어의 음절에 맞춰 동그라미를 그리며 음절을 구분해보자.

vé · ge · ta · ble

bean

pea

gár · lic

ó · nion

cá · rrot

égg · plant

po · tá · to

to · má · to

cú · cum · ber

bró · cco · li

★ 음절의 기준은 모음(a · e · i · o · u · y)이고, 단어 끝 e는 묵음!

Step 5: 일반사운드

▶단어를 보고 음절에 직접 동그라미 그리기

아무 표시도 없는 단어를 보고 직접 음절을 구분해 동그라미를 그리고 소리 내 읽어보자.

★ 음절의 기준은 모음(a · e · i · o · u · y)이고, 단어 끝 e는 묵음!

Unit 9
Emotion

Step 1: 음절사운드

한국어 사각 음절에 맞춰 음절을 표시한 '음절사운드'를 보고, 악센트와 음절에 주의하며 단어를 읽고 연습해보자.

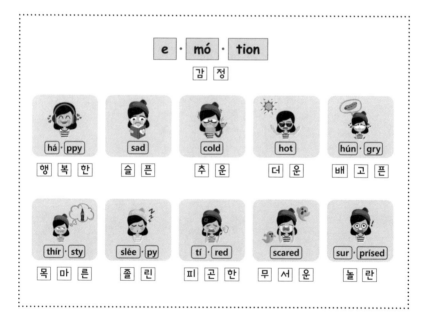

Step 2: 립사운드

▶입술 모양 따라 하기

QR코드 영상 강의에서 정확한 입술 모양을 확인하고, 거울을 보면서 연습해보자.

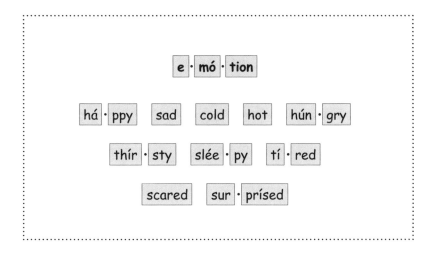

▶주의해야 할 버터 자음&악센트

há·ppy   hún·gry   thír·sty   slée·py

tí·red   scared   sur·prísed

Step 3: 핑거사운드

▶손가락 숫자 따라 하기

QR코드 영상 강의를 참고해 손가락 숫자를 세며 발음해보자.

e · mó · tion

há · ppy

sad

cold

hot

hún · gry

thír · sty

slée · py

tí · red

scared

sur · prísed

★ 음절의 기준은 모음(a · e · i · o · u · y)이고, 단어 끝 e는 묵음!

▶한국인이 자주 틀리는 영어 음절

영어 단어 음절	콩글리시 음절
sad	새 드
cold	콜 드
hún • gry	헝 그 리
thír • sty	써 스 티
slée • py	슬 리 피
tí • red	타 이 어 드
scared	스 케 얼 드
sur • prísed	서 프 라 이 즈 드

Step 4: 서클사운드

▶음절에 동그라미 그리기

단어의 음절에 맞춰 동그라미를 그리며 음절을 구분해보자.

e · mó · tion

há · ppy

sad

cold

hot

hún · gry

thír · sty

slée · py

tí · red

scared

sur · prísed

★ 음절의 기준은 모음(a · e · i · o · u · y)이고, 단어 끝 e는 묵음!

Step 5: 일반사운드

▶단어를 보고 음절에 직접 동그라미 그리기

아무 표시도 없는 단어를 보고 직접 음절을 구분해 동그라미를 그리고 소리 내 읽어보자.

emotion

happy

sad

cold

hot

hungry

thirsty

sleepy

tired

scared

surprised

★ 음절의 기준은 모음(a · e · i · o · u · y)이고, 단어 끝 e는 묵음!

Weather

Step 1: 음절사운드

한국어 사각 음절에 맞춰 음절을 표시한 '음절사운드'를 보고, 악센트와 음절에 주의하며 단어를 읽고 연습해보자.

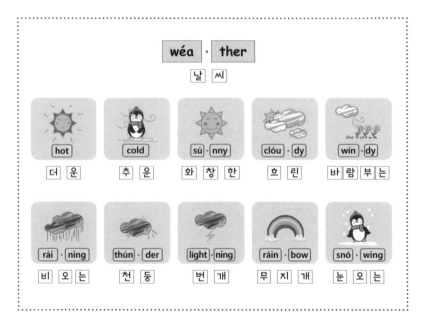

Step 2: 립사운드

▶입술 모양 따라 하기

QR코드 영상 강의에서 정확한 입술 모양을 확인하고, 거울을 보면
서 연습해보자.

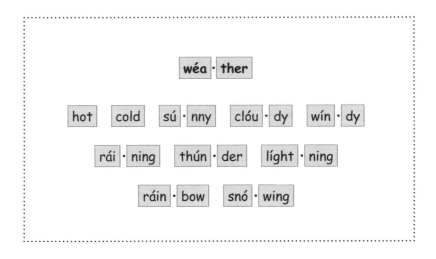

▶주의해야 할 버터 자음&악센트

wéa · ther   clóu · dy   rái · ning

thún · der   líght · ning   rái · n · bow

Step 3: 핑거사운드

▶손가락 숫자 따라 하기

QR코드 영상 강의를 참고해 손가락 숫자를 세며 발음해보자.

wéa · ther

hot

cold

sú · nny

clóu · dy

wín · dy

rái · ning

thún · der

líght · ning

ráin · bow

snó · wing

★ 음절의 기준은 모음(a · e · i · o · u · y)이고, 단어 끝 e는 묵음!

▶한국인이 자주 틀리는 영어 음절

영어 단어 음절	콩글리시 음절
cold	콜 드
clóu • dy	클 라 우 디
ráin • ning	레 이 닝
líght • ning	라 이 트 닝
ráin • bow	레 인 보 우
snó • wing	스 노 잉

Step 4: 서클사운드

▶음절에 동그라미 그리기

단어의 음절에 맞춰 동그라미를 그리며 음절을 구분해보자.

wéa · ther

hot

cold

sú · nny

clóu · dy

wín · dy

rái · ning

thún · der

líght · ning

ráin · bow

snó · wing

★ 음절의 기준은 모음(a · e · i · o · u · y)이고, 단어 끝 e는 묵음!

Step 5: 일반사운드

▶ 단어를 보고 음절에 직접 동그라미 그리기

아무 표시도 없는 단어를 보고 직접 음절을 구분해 동그라미를 그리고 소리 내 읽어보자.

> **weather**
>
> hot
>
> cold
>
> sunny
>
> cloudy
>
> windy
>
> raining
>
> thunder
>
> lightning
>
> rainbow
>
> snowing

★ 음절의 기준은 모음(a · e · i · o · u · y)이고, 단어 끝 e는 묵음!

우리 집은 즐거운 영어유치원

ⓒ 유혜경 2022

1판 1쇄 인쇄 2022년 11월 16일
1판 1쇄 발행 2022년 11월 30일

지은이 유혜경
펴낸이 황상욱

편집 이은현 박성미 | **디자인** this-cover
마케팅 윤해승 장동철 윤두열 양준철 | **경영지원** 황지욱
제작처 삼조인쇄

펴낸곳 ㈜휴먼큐브 | **출판등록** 2015년 7월 24일 제406-2015-000096호
주소 03997 서울시 마포구 월드컵로14길 61 2층
문의전화 02-2039-9462(편집) 02-2039-9463(마케팅) 02-2039-9460(팩스)
전자우편 yun@humancube.kr

ISBN 979-11-6538-335-0 03590

인스타그램 @humancube_books   페이스북 fb.com/humancube44